Wohnwelten

Zimmerduft oder Frischluft? 24
Selbstbau-Wohnungen 32
Trautes Heim – das muss rein 34
Wohnwelten im Garten. 38
Kurzurlaub 40
Gartenresidenz. 42

Zusammenleben mit Kaninchen

So schmeckts 46
Knackig frisch 48
Sind alle fit? 50
Kaninchen für Kids 54
Kaninchen können mehr 56
Sportlich, sportlich! 58

W0060638

Inhalt

SPEZIAL

Spannende Extras – So macht
Wohnen noch mehr Spaß. . . 36

Erfahren Sie, was Ihre Kaninchen brauchen und wie sie sich wohl fühlen.
Werden Sie selbst zum Heimwerker.

SPEZIAL

Körpersprache
verstehen 52

Sind Ihre Kaninchen Mitdenker oder
sind sie eher sportlich begabt? Finden
Sie es heraus!

Neugierige
Mitbewohner

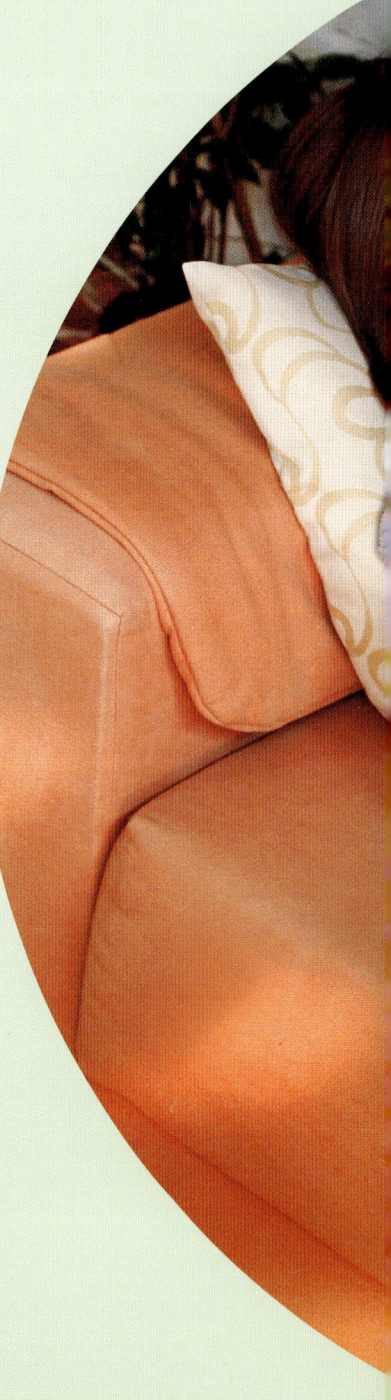

Mit ihrem plüschigen Fell und ihren Knopfaugen bezaubern die kleinen Langohren nicht nur Kinderherzen. Spätestens, wenn man Kaninchen dabei beobachtet, wie sie Heu mümmeln, beim Schnuppern mit der Nase wackeln, wilde Haken schlagen oder sich beim Putzen mit den kleinen Pfötchen über das Gesicht streichen, steht für viele Tierfreunde fest: Ein Kaninchen muss ins Haus.

Kaninchen als Heimtiere laden zur Beobachtung ein, bieten reichlich Gesprächsstoff und können eine Bereicherung für Ihre Familie sein. Doch auch die kleinen Gesellen haben Bedürfnisse, die erfüllt werden müssen, damit sie sich richtig wohl fühlen und Ihnen Freude bereiten können. Dazu gehören unbedingt mindestens ein Artgenosse, die richtige Ernährung und ein großzügiger und abwechslungsreicher Lebensraum.

Als engagiertem Tierfreund ist Ihnen sicher daran gelegen, Ihren pelzigen Mitbewohnern diese Grundbedürfnisse zu erfüllen. Die Gestaltung eines kaninchengerechten Geheges macht der ganzen Familie Spaß. Und Sie werden mit tierischen Untermietern belohnt, die voller Unternehmungslust die ganze Palette ihres spannenden Verhaltens ausleben können.

Glücklich nur im Team

6   So leben Kaninchen

8   Passen Kaninchen zu mir?

10   Wer mit wem?

12   Rund um den Nachwuchs

SPEZIAL   14   Rasse oder Original?

16   Willkommen!

18   Familienzusammen-
      führung

So leben Kaninchen

Um seine tierischen Mitbewohner besser zu verstehen, lohnt sich für den Tierhalter immer ein Blick auf deren Verwandte, die in freier Natur leben. Denn Bedürfnisse und auch Verhalten unserer seit Jahrhunderten domestizierten Heimtiere werden noch heute wesentlich durch das Erbe ihrer wilden Vorfahren bestimmt.

Jedes Kaninchen hat in der Gruppe seinen Platz und Rang.

Familienbande

Schaut man sich Wildkaninchen an, fällt zuerst auf, dass sie nie allein leben. Die bis zu sieben Mitglieder großen Familien schließen sich meist in Verbänden zu einer Kolonie zusammen, die bis zu 100 Tiere zählen kann. Weit seltener leben Kaninchen nur paarweise. Damit das Zusammenleben in einer solch großen Gemeinschaft funktioniert, braucht es Regeln für das Miteinander. Daher gibt es in der Kolonie eine geschlechterspezifische Rangordnung, die jedem Tier seinen Platz, seine Rolle und seinen Rang zuweist und einigen Vorteile einräumt. Ranghohe Männchen pflanzen sich öfter fort. Ranghohe Weibchen haben das Privileg, ihren Nachwuchs im zentralen Wohnbau großzuziehen, wodurch der Aufzuchterfolg gesteigert wird. Die rangniederen Weibchen bringen ihre Jungtiere in abseits gelegenen Setzröhren unter. Ein wichtiges Element des Gruppenzusammenhalts ist die soziale Kontaktpflege. Die Nähe zum Artgenossen drückt Vertrautheit aus und die gegenseitige Körperpflege festigt die Bande untereinander.

▶ **Kaninchen** sind sehr soziale Tiere. Kontakt mit Artgenossen ist wichtig für das Ausleben arttypischen Verhaltens und somit unerlässlich für das Wohlbefinden. Die Einzelhaltung von Kaninchen ist daher nicht zu rechtfertigen.

Bewegungsfreudig

Der Aktionsradius von Kaninchen kann 10.000 m^2 übersteigen. Gemeinschaftlich verteidigt und markiert wird jedoch nur das Revier in der unmittelbaren Umgebung des Baus. Üblicherweise halten sich die Kaninchen in bis zu 75 m, selten bis 100 m Entfernung vom Bau auf.

Obwohl der Bewegungsdrang domestizierter Tiere geringer als der ihrer wildlebenden Artgenossen sein kann, brauchen auch Kaninchen als Heimtiere ausreichend Platz zur Erfüllung ihrer Bedürfnisse. Ein Käfig mit 0,5 m^2 als Dauerquartier für zwei Bewohner wird dem keinesfalls gerecht.

Erst mit passendem Partner ist die Kaninchenhaltung tiergerecht.

Buddeln muss sein

Meist bewohnen die Tiere selbst gegrabene Baue mit zahlreichen Röhren und Wohnkesseln, nutzen aber auch je nach Lebensraum bereits vorhandene oberirdische Unterkünfte, wie Geröllhaufen oder Ruinen.

Der Drang zu buddeln ist auch Ihren als Heimtiere gehaltenen Kaninchen mit in die Wiege gelegt. Diesem Bedürfnis können Sie bei der Gehegegestaltung einerseits durch einen entsprechenden Boden (Sand, Naturerde, hohe Einstreu) gerecht werden und andererseits, indem Sie den Tieren alternative Möglichkeiten zum Buddeln bereitstellen (Buddelkiste, siehe Seite 36). Mit Häusern und Tunneln bieten Sie Ihren Langohren Verstecke und Rückzugsorte und gleichzeitig Spielgeräte. ●

SMART

Biologie

› **Kaninchen** (Oryctolagus cuniculus) sind keine Nagetiere, sondern gehören zur Ordnung der Hasentiere (Lagomorpha) und zur Familie der Hasenartigen (Leporidae). Sie zählen aber nicht wie die Feldhasen zu den Echten Hasen (*Lepus*).

Unterschiede gibt es nicht nur in der Lebensweise: Wildkaninchen sind kleiner und haben kürzere Ohren, braungraue Ohrspitzen (Feldhasen haben schwarze) und ein braungraues Fell (Feldhasen haben ein rotbraunes mit weißer Bauchseite).

Passen Kaninchen zu mir?

Kaninchen können acht, manchmal sogar zwölf Jahre alt werden. Der Kauf dieser tierischen Mitbewohner sollte deswegen reiflich überlegt sein, um so die besten Voraussetzungen für das jahrelange Miteinander mit den Tieren zu schaffen.

Kaninchen für Kids?

Wenn Sie Kinder haben, können Sie ihnen als Vorbild mit der gewissenhaften Entscheidung dafür oder dagegen zeigen, wie viel Verantwortung die Haltung von Heimtieren mit sich bringt.

Dabei stellen Sie auch die Weichen für den künftigen Umgang Ihrer Kinder mit Tieren. Aber Achtung: Kaninchen sind keine Plüschtiere. Sie können kratzen und beißen, wenn ihnen etwas nicht passt. Nur wenn auch Sie Spaß an der Haltung der Langohren haben und deren tiergerechte Haltung und Versorgung vorleben, können Ihre Kinder den gewünschten Zugang und Umgang mit den Tieren lernen (siehe Seite 54). Dabei sollte die Verantwortung für die Betreuung der Tiere immer bei Ihnen liegen.

Was erwarte ich von meinen Heimtieren

▸ **Ob Sie Freude** am Leben mit Kaninchen haben werden, hängt wesentlich von den Erwartungen ab, die Sie an eine Tierhaltung stellen. Wenn Sie die folgenden Fragen mit „ja" beantworten, sind Kaninchen genau die richtigen Heimtiere für Sie:

▸ **Geht es Ihnen** vorwiegend um die Beobachtung der Tiere?

▸ **Haben Sie schon Erfahrung** in der tiergerechten Haltung von Kaninchen oder sind Sie als Einsteiger bereit, sich das notwendige Wissen anzueignen?

▸ **Haben Sie Spaß** daran, einen abwechslungsreichen Lebensraum für Ihre Kaninchen zu gestalten?

▸ **Sind Sie bemüht,** das Gehege und die Einrichtung mit neuen Ideen stetig zu optimieren?

▸ **Macht es Ihnen Freude,** sich neue Beschäftigungsideen für die Tiere auszudenken?

▸ **Haben Sie ausreichend Platz** für ein Gehege von etwa 4 m^2 für zwei Kaninchen?

▸ **Können Sie** es bei der Wohnungshaltung tolerie-

Das kosten zwei Kaninchen

Zwei Kaninchen vom Züchter ab 25 EUR (nicht kastriert), aus dem Zoofachgeschäft ab 50 EUR (nicht kastriert) oder aus dem Tierschutz ab 50 EUR (männliche Tiere kastriert, siehe Seite 13).

Gehege samt Einrichtung ab 200 EUR

Futterkosten und Gehegeeinstreu (monatlich) ca. 40 EUR

Impfungen (jährlich, siehe Seite 51) ca. 20 EUR

Zusätzliche Tierarztkosten bei einer Erkrankung

ren, dass die Kaninchen während des Freilaufs nicht zuverlässig stubenrein sind, vielleicht auch die Einrichtung anknabbern?

▸ **Haben Sie** einen Garten?

▸ **Ist es für Sie** selbstverständlich, bei Wohnungshaltung die Einrichtung so zu gestalten, dass den Kaninchen keine Gefahren drohen (siehe Seite 28)?

▸ **Selbst bei guter Pflege** können Gehege und Kaninchentoilette etwas riechen. Stört Sie das auch nicht?

▸ **Können Sie** es akzeptieren, dass sich Kaninchen – wenn überhaupt – nur in geringem Maß erziehen lassen?

▸ **Haben Sie** ausreichend Zeit für die Versorgung der Tiere mehrmals am Tag und die regelmäßige Reinigung des Geheges?

▸ **Können Sie die Tiere** während Ihrer Urlaubsreisen gut unterbringen?

Neugiernase bei der Arbeit – dabei wird auch gern angeknabbert.

▸ **Sind Sie bereit,** die Tiere bei einer Erkrankung tierärztlich behandeln zu lassen, auch wenn die Kosten den Kaufpreis um ein Vielfaches übersteigen?

▸ **Funktioniert das Zusammenleben** mit anderen Heimtieren erwartungsgemäß reibungslos (siehe Kasten)?

▸ **Reagiert kein Familienmitglied** allergisch auf Kaninchen, die Einstreu oder das Heu?

▸ **Sind alle Familienmitglieder** mit Kaninchen als Heimtiere einverstanden? ●

SMART

Andere Tiere

› **Hunde, Katzen und Papageien** können Kaninchen gefährlich werden. Lassen Sie die unterschiedlichen Tiere nie ohne Aufsicht zusammen. Verhindern Sie, dass sie die Kaninchen im Gehege stören.

› **Mit Nagern** (Hamster, Chinchillas, Ratten usw.) dürfen Kaninchen nicht vergesellschaftet werden, da deren Bedürfnisse und Verhalten einfach zu unterschiedlich sind (Meerschweinchen siehe Seite 11).

Wer mit wem?

Kaninchen sind soziale Tiere, die dringend Artgenossen an ihrer Seite brauchen, eine Einzelhaltung wird ihren Bedürfnissen nicht gerecht. Doch die Zusammenstellung einer passenden Gemeinschaft ist gar nicht so einfach.

Ein Pärchen

Für die Haltung von zwei Kaninchen sind ein Männchen und ein Weibchen die beste Kombination, da sie sich aller Voraussicht nach am besten vertragen werden. Allerdings ist die Vermehrungsfreude der kleinen Langohren sprichwörtlich. Wenn Sie ein Pärchen halten, wird sich garantiert bald Nachwuchs einstellen. Um das zu verhindern, sollte der Rammler kastriert werden (siehe Seite 12). Lebt ein Weibchen mit einem unkastrierten Rammler zusammen, würde er sie ständig besteigen und bedrängen.

▶ **Noch besser:** Sie schauen sich in den Tierheimen in Ihrer Nähe um. In Tierheimen werden die Rammler grundsätzlich kastriert und Sie können sich ein Pärchen aussuchen, das schon gut miteinander harmoniert und nicht mehr für Langohren-Nachwuchs sorgen wird.

Funktioniert eine Männer-WG?

Bei Wildkaninchen gibt es keine reinen Männergesellschaften, somit entspricht dieses Wohnmodell auch nicht den natürlichen Gegebenheiten. Spätestens nach Erreichen der Geschlechtsreife kommt es zu heftigen Auseinandersetzungen zwischen den Rammlern. Dies macht das Leben im begrenzten Raum auf Dauer für die Tiere unerträglich. Möglich ist das dauerhafte Zusammenleben einer Männer-WG nur, wenn alle Männchen vor Erreichen der Geschlechtsreife kastriert werden.

Funktioniert eine Frauen-WG?

Die Gründung einer neuen Kolonie läuft bei Wildkaninchen in der Regel so ab, dass die Weibchen aus ihren bisherigen Familien abwandern und die Männchen dann später dazu kommen. Eine reine Frauengesellschaft ist bei Kaninchen aber in der Regel zum Scheitern verurteilt, auch wenn das Zusammenleben anfangs noch harmonisch verläuft.

Die gemischte Gruppe

Dies ist die tiergerechteste Haltungsform. Bei ausreichendem Platzangebot in einem Freigehege (siehe Seite 42) können Sie Ihren Kaninchen zum einen ein Leben bieten, das ihrer natürlichen Lebensweise am nächsten kommt und sie sich

SMART

Wie alt sollten die Tiere sein?

› **Je jünger** die Kaninchen zusammengeführt werden, desto wahrscheinlicher verstehen sie sich auch später. Erwachsene Tiere zu vergesellschaften ist schwierig und manchmal auch erfolglos (siehe Seite 20). Vermutlich nie funktionieren wird die Vergesellschaftung bei zwei Häsinnen oder zwei unkastrierten Rammlern.

Kuscheln während der Siesta, denn Körperkontakt ist wichtig.

zum anderen bei Unstimmigkeiten eher aus dem Weg gehen können. Wildkaninchen leben in der Regel in Gemeinschaften mit mehr Weibchen als Männchen. Auf begrenztem Raum bietet sich jedoch ein ausgeglichenes Geschlechterverhältnis an, da es sonst oft zu Streit unter den Weibchen kommt.

Kaninchen und Meerschweinchen?

Die Gemeinschaftshaltung eines Kaninchens und eines Meerschweinchens wird häufig als machbare Alternative zur reinen Kaninchenhaltung empfohlen. Augenscheinlich scheinen die Tiere sich auch meist zu vertragen. Doch wenn Sie sich intensiver mit beiden Arten beschäftigen, werden Sie schnell feststellen, dass die Tiere eigentlich nichts gemeinsam haben – außer der die Tatsache, dass man sie aufgrund ihrer Größe und veralteter Vorstellungen über Heimtierhaltung zusammen in einen Käfig packen kann.

Kaninchen (Hasenartige) und Meerschweinchen (Nagetiere) gehören weder einer Art an noch sind sie weitläufig miteinander verwandt. Meerschweinchen stammen aus Südamerika, Kaninchen ursprünglich aus dem Mittelmeerraum. Sie haben unterschiedliche Ernährungsbedürfnisse und vollkommen voneinander abweichendes arteigenes Ausdrucksverhalten. Das führt bei der gemeinsamen Unterbringung zu Missverständnissen und Dauerstress – von der Erfüllung des Bedürfnisses nach Sozialkontakten mit Artgenossen ganz zu schweigen. Meerschweinchen sind den größeren Kaninchen körperlich unterlegen und bei Auseinandersetzungen die Verlierer, oder sie werden mitunter ständig bestiegen. Aus all diesen Gründen ist eine gemeinsame Haltung der ungleichen Tiere abzulehnen. ●

Rund um den Nachwuchs

Es gibt kaum etwas Süßeres als Kaninchenbabys, und viele Tierliebhaber möchten einmal Anteil an deren Kinderstube haben. Doch was wird dann aus den Kleinen?

Kaninchenzucht

Züchten ist viel mehr als die reine Vermehrung von Tieren. Es muss reichlich Platz vorhanden sein und Komplikationen während der Trächtigkeit, Geburt oder Aufzucht können hohe Tierarztkosten oder den Verlust der geliebten Tiere bedeuten. Hinzu kommt, dass der Züchter vor allem die Verantwortung dafür trägt, nur mit gesunden Tieren zu züchten, die frei von Erbkrankheiten sind, die Jungen bestens aufzuziehen und letztendlich für alle ein gutes neues zu Hause zu finden. Dazu sind viel Wissen und Erfahrung notwendig und ein hoher zeitlicher Einsatz. Außerdem gibt es auch immer wieder Rückschläge. Wer Kaninchen züchten möchte, sollte dies nur mit viel Engagement tun. Kein weibliches Kaninchen muss einmal Nachwuchs haben, um glücklich zu sein. Und Kindersegen beugt auch keiner Scheinträchtigkeit vor. Unkastrierte Kaninchenmänner werden nicht ruhiger oder umgänglicher, wenn sie einmal gedeckt haben – ganz im Gegenteil.

SMART

Kastration des Rammlers

› **Bei diesem operativen Eingriff,** der in Narkose erfolgt, werden dem Rammler die Hoden entfernt – er ist danach unfruchtbar. War der Rammler vor dem Eingriff schon geschlechtsreif, hat er noch bis zu sechs Wochen lang einen Vorrat an Spermien in sich, und so lange kann er noch Nachwuchs zeugen. Dies sollten Sie bei der Haltung einer gemischtgeschlechtlichen Kaninchengruppe berücksichtigen und ihn solange getrennt halten.

Aus Klein wird Groß

Kaninchenbabys wachsen rasend schnell heran. Nach einer Tragezeit von ca. 30 Tagen kommen sie blind, taub und nackt zur Welt; im Durchschnitt sind es fünf bis sechs Babys, manchmal aber auch bis zu zehn. Um den 11. Tag herum öffnen die inzwischen voll behaarten Kaninchenkinder ihre Augen. Am Ende der 3. Lebenswoche fangen sie an, mit ihren Geschwistern zu spielen und ihre Umgebung zu erkunden, der Radius wird dabei immer größer. Bisher ausschließlich von der Mutter gesäugt, probieren sie sich nun auch an fester Nahrung. Mit ca. 6 Wochen trinken sie keine Milch mehr und sind selbstständig. Trotzdem sollten die Kleinen möglichst noch bis zur 12. Woche bei der Mutter bleiben, denn nur so lernen sie Sozialverhalten im Umgang mit Artgenossen. Dann ist es an der Zeit, die Mutter und die Kleinen nach Geschlechtern zu trennen. Ab diesem Zeitpunkt setzt die Geschlechtsreife ein – und es kann wieder Nachwuchs geben.

Scheinträchtigkeit

Baut eine unkastrierte Häsin ein Nest, indem sie Stroh und Heu sammelt und sich das Bauchfell ausrupft, ist sie scheinträchtig. Auch ihr Verhalten kann sich ändern, viele Weibchen werden dann aggressiver gegen die mit ihnen lebenden Artgenossen oder ihre Menschen. Lassen Sie ihr das Nest und halten Sie Stress von ihr fern – Ruhe ist nun wichtig. Nach gut zwei Wochen ist der Spuk in der Regel wieder vorbei. Wird die Häsin dreimal oder noch häufiger im Jahr scheinträchtig, ist eine Kastration sinnvoll. Dabei werden dem in Narkose liegenden Tier vom Tierarzt die Eierstöcke und die Gebärmutter entfernt.

Nachwuchs verhüten

Die sicherste Maßnahme ist bei einem Pärchen die Kastration des Rammlers (siehe Kasten). Eine Sterilisation (Trennung der Samenleiter) verhindert zwar Nachwuchs, doch das Geschlechtsverhalten des Kaninchenmanns würde sich nicht ändern und er würde das Weibchen trotzdem nicht in Ruhe lassen und sie ständig berammeln.

Junge Kaninchen sind schon mit zwölf Wochen geschlechtsreif.

Nicht trächtige und unkastrierte Häsinnen sind immer empfängnisbereit. Deswegen sollten Sie darauf achten, dass die Freunde Ihrer Kinder nicht ihre Kaninchen „zum Spielen" mitbringen, sonst müssen Sie mit langohrigem Nachwuchs rechnen.

Haben Sie eine Häsin übernommen und stellt sich heraus, dass sie bereits trächtig ist, sollten Sie sich mit dem Verkäufer oder dem Tierschutz in Verbindung setzen. Fragen Sie Ihren Tierarzt um Rat, was Sie beim trächtigen Tier beachten müssen. ●

Rasse oder
Original?

Es gibt so viele Kaninchenrassen, dass die Auswahl der neuen Hausgenossen nicht leicht fällt. Oder dürfen es auch rasselose Langohren sein – unverwechselbare Originale?

Ursprünglich sind Kaninchen reine Nutztiere, wie auch die Tiere, die heute noch zur Fleischgewinnung, für die Pelz- oder die Wollindustrie gezüchtet werden. Kaninchenzucht ist als Hobby sehr beliebt – in fast jedem Ort findet sich mindestens ein Kaninchenzüchter, der einem Verein angeschlossen ist. Diese züchten Rassekaninchen nach Standards mit festgelegten Schönheitskriterien und messen ihre Zuchterfolge auf Ausstellungen auf regionaler, nationaler oder sogar internationaler Ebene. Dann gibt es noch die vereinsunabhängigen Züchter, die ihre Tiere – oft auch Mischlinge – an Zoofachhändler oder in Privathaushalte abgeben. Nicht zu vergessen die vielen Kaninchen, die ohne vorherige Zuchtabsicht geboren wurden (siehe Seite 12). Für Sie als Privathalter ist es in der Regel nicht vorrangig, dass Ihre Kaninchen einer bestimmten Rasse angehören, sondern dass

Kriterien für einen guten Anbieter

▶ Die Kaninchen sind nach Geschlechtern getrennt oder die Rammler bei gemischtgeschlechtlicher Haltung kastriert.

▶ Die Tiere werden nicht einzeln gehalten.

▶ Das Gehege ist sauber und mit Streu und Stroh ausgelegt und bietet Versteckmöglichkeiten.

▶ Die Tiere haben Heu, Frischfutter und Wasser zur Verfügung.

▶ Die Kaninchen werden frühestens mit acht Wochen abgegeben.

▶ Die Elterntiere sind gesund (haben z. B. keine Zahnprobleme).

▶ Die Tiere machen einen gesunden und vitalen Eindruck (Gesundheitscheck siehe Seite 50).

▶ Dem Anbieter ist wichtig, dass die Kaninchen artgerecht mit viel Platz und nicht einzeln gehalten werden.

▶ Der Anbieter weiß, wie groß die Jungtiere erwartungsgemäß werden, informiert umfassend vor dem Kauf und berät auch noch danach.

▶ Rassereine Tiere sind zur Kennzeichnung im Ohr tätowiert (Geburtsdatum und Züchter-Kennnummer).

Sie gesunde Tiere haben, die Ihnen gefallen und Freude bereiten. Deswegen sollten Sie schon bei der Auswahl vor Ort großen Wert auf die Haltung, die Gesundheit und Vitalität der Tiere legen. Es gibt einige Rassestandards (siehe Seite 16), die nur Vorgaben an die Anatomie oder das Haarkleid stellen – zu Lasten der Lebensqualität der Tiere. Es gibt aber auch zahlreiche Züchter, deren vorrangiges Zuchtziel die Gesundheit ihrer Tiere ist. Daher sollten Sie bei der Auswahl von Rassekaninchen den Züchter sorgfältig auswählen, auf Ihren gesunden Menschenverstand hören und von übertriebenen körperlichen Merkmalen, z. B. extrem runden Köpfen oder extrem langen Ohren, Abstand nehmen. Kaninchenmischlinge sind jedoch nicht zwangsläufig immer gesünder – auch hier kommt es auf die verantwortungsvolle Vermehrung an (siehe Bildbeschreibung rechts). Egal, ob Sie Rassekaninchen oder Mischlinge suchen, es lohnt sich ein Blick ins Tierheim – dort werden Sie bestimmt fündig.

▲ **Löwenköpfchen** sind in der Heimtierhaltung sehr beliebt. Als Rasse sind sie jedoch nicht anerkannt und gelten daher als Mischlinge. Ihre Mähne hat ihnen den Namen gegeben. Häufig überfordert das lange Fell aber die Tiere bei der Körperpflege und so muss der Halter mit bürsten helfen und Verfilzungen verhindern. Mischlinge verschiedener Rassen sind oft das Ergebnis ungewollter Trächtigkeiten bei der Haltung unkastrierter Kaninchen. In Gegensatz zu echten Zwergkaninchen ist ihre Endgröße selten einschätzbar, sie haben längere Ohren und ihr Körper sowie ihr Kopf sind gestreckter. Unbedachte Vermehrung kann gesundheitliche Probleme zur Folge haben, z. B. Zahnfehlstellungen (siehe Seite 51).

Rasse oder nicht?

Große Rassekaninchen

▸ **Typisch:** Zu den großen Kaninchen zählen Tiere mit einem Gewicht von über 5,5 kg. Die „Deutschen Riesen" (Foto) sind die größten Rassevertreter der Kaninchen. Sie wiegen meist über 7 kg, bei einer Körperlänge von ca. 72 cm. Typisch sind der gestreckte Körper und der tiefe, breite Rumpf. Sie haben lange Ohren, einen großen Kopf mit dicken Backen und ein dichtes, ca. 4 cm langes Fell. Anerkannte Farben sind blau, wildgrau und weiß.

▸ **Besonderheit:** Andere große Rassen sind die Deutschen Riesenschecken (siehe mittelgroße Kaninchen: Punktscheckung) und Deutscher Widder.

Mittelgroße Rassekaninchen

▸ **Typisch:** Die mittelgroßen Rassevertreter wiegen zwischen 3,5 und 5,5 kg. Sie besitzen einen leicht gestreckten, walzenförmigen Körper und haben lange Ohren. Typisch für „Rote Neuseeländer" (Foto) ist die schöne intensive Rotfärbung. Ihr Normalgewicht beträgt 4 kg.

▸ **Besonderheit:** Für viele Rassen wird eine bestimmte Punktscheckung verlangt, die aufgrund genetischer Veranlagung zu gesundheitlichen Problemen führen kann, z. B. Störungen der Nebennierenrinde, was erhöhte Stressanfälligkeit zur Folge hat sowie Darmstörungen.

Kleine Rassekaninchen

▸ **Typisch:** Zu ihnen werden die Kaninchen gezählt, die 2 bis 3,5 kg wiegen. Sie haben einen kurzen und gedrungenen Körperbau, einen kurzen Kopf mit breiter Stirn und lange Ohren. Bekannte Vertreter der kleinen Kaninchenrassen sind die „Holländer" (Foto) mit ihrer schwarz-weißen Zeichnung.

▸ **Besonderheit:** Andere Rassen sind z. B. die Englischen Schecken (siehe Punkt-scheckung mittelgroße Kaninchen), die hübschen Lohkaninchen oder Deutsche Kleinwidder.

Zwergkaninchen

▸ **Typisch:** Die kleinsten Rassekaninchen wiegen 1 bis 1,5 kg. Sie unterscheiden sich von den anderen Rassen vor allem durch ihren im Verhältnis zum Körper großen Kopf, ihre großen, hervortretenden Augen und die kurzen Ohren (unter 7 cm). Als Rasse anerkannt sind die zahlreichen Farbenzwerge (Foto: Farbenzwerg „Chinchilla") sowie das weiße Hermelinkaninchen.

▸ **Besonderheit:** Die runden Köpfe der Zwerge können zu gesundheitlichen Problemen führen, insbesondere Kieferverkürzung und dadurch mangelnden Abrieb der Schneidezähne (siehe Seite 51) sowie Verstopfung des Tränenna-senkanals, wodurch Druck auf die Zahnwurzeln ausgeübt wird.

Widderkaninchen

▸ **Typisch:** Sie stehen in dem Ruf, ruhiger als viele andere Kaninchen zu sein. Es gibt sie in allen Größen. Ihr typisches Kennzeichen sind die Hängeohren, die meist auch wesentlich größer als bei stehohrigen Artgenossen sind. Unter extremen Hängeohren leiden die Tiere erheblich: Sie treten darauf, verletzen sich oft daran und frieren leichter, denn durch die große Oberfläche der Ohren geht viel Körperwärme verloren, was im Winter im Außengehege problematisch sein kann.
▸ **Besonderheit:** Achten Sie bei der Auswahl deswegen darauf, dass die Hängeohren eine moderate Länge haben.

Hasenkaninchen

▸ **Typisch:** Sie erinnern mit ihrem schlanken Körper und den ausgesprochen langen Ohren (siehe Körperwärme Widderkaninchen) vom Äußeren her eher an Feldhasen, sind aber reine Kaninchen. Ihr Aussehen wurde durch Zucht geformt. Ihr Gewicht liegt in der Regel bei 3,5 kg. Ihnen wird ein temperamentvolleres Verhalten als anderen nachgesagt, was man beim Platzangebot berücksichtigen sollte.
▸ **Besonderheit:** Bei der Auswahl sollte der Halter auf Tiere mit möglichst normalen Kaninchenkörperformen achten und von Extremen absehen.

Rexkaninchen

▸ **Typisch:** Sie zählen zu den Kurzhaarkaninchen und haben ein kurzes, seidiges und senkrecht abstehendes Fell. Ihr Körper ist leicht gestreckt und walzenförmig. Sie werden in verschiedene Größenkategorien bis 4,5 kg eingeteilt, wobei die Farbschläge jeweils als eigene Rassen angesehen werden. Die Deckhaare sind häufig gekräuselt. Dies kann auch die Tasthaare betreffen, was den Tastsinn sehr beeinträchtigen kann.
▸ **Besonderheit:** Die meisten Rexkaninchen können im Winter nicht draußen gehalten werden, da ihr Fell die Wärme nicht genug halten kann.

Angorakaninchen

▸ **Typisch:** Angoras wiegen bis über 5 kg. Sie zählen zu den langhaarigen Kaninchen und ihre Wolle wird auch heute noch industriell genutzt, wofür das Fell alle drei Monate geschoren wird. Unterbleibt das, können die Tiere überhitzen, daher sollte auch der Privathalter das Fell regelmäßig kürzen. Die Pflege des langen Fells ist sehr aufwendig.
▸ **Besonderheit:** Obwohl das Fell der Angorakaninchen lang und weich ist, können manche Tiere bei Kälte sehr frieren und deswegen im Winter nicht draußen wohnen. Im Sommer wiederum können sie unter den warmen Temperaturen leiden.

Willkommen!

Die Ankunft im neuen Heim und die Eingewöhnung in eine andere Umgebung sind für die Kaninchen eine aufregende Angelegenheit. Sie können Ihren kleinen Mitbewohnern helfen, dass diese Zeit möglichst stressfrei verläuft.

Einzug der Kaninchen

Im neuen Heim sollte schon das fix und fertig eingerichtete Gehege für die neuen Mitbewohner bereit sein. Setzen Sie die Tiere vorsichtig hinein und gönnen Sie ihnen nun Ruhe. Schon bald werden die kleinen Neugiernasen ihr Gehege erkunden und sich auf die Suche nach etwas Leckerem machen.

▸ **Kaninchen sind Fluchttiere,** die versuchen, sich bei Gefahr durch schnelles Weglaufen in Sicherheit zu bringen, möglichst in ihren Bau. Haben Sie keine Gelegenheit dazu, drücken sie sich in einer Art Schreckstarre auf den Boden in der Hoffnung, dass der Feind sie nicht sieht. Das sollten Sie im Umgang mit ihren pelzigen Untermietern berücksichtigen und deswegen vor allem in den ersten Tagen alles vermeiden, was die Kaninchen erschrecken könnte: laute Geräusche, schnelle Bewegungen in Gegenähe, sich über das Gehege zu beugen oder die Begegnung mit anderen Heimtieren.

▸ **Zur Kontaktaufnahme** hocken Sie sich am besten vor dem Gehege auf den Boden und sprechen ruhig zu den Tieren. Wenn die kleinen Angsthasen sich dabei in ihrem Häuschen verstecken, ist das ganz normal. Holen Sie sie nicht heraus, sondern bieten Sie ihnen einen besonders leckeren Happen aus der Hand an, etwa ein Stück Möhre, etwas Petersilie oder Eisbergsalat. Diesen Leckerbissen können die Kaninchen nicht lange widerstehen – und schon haben Sie wichtige Freundschaftspunkte gesammelt.

Mit Leckerbissen können SIe die Mümmelmänner an sich gewöhnen.

▶ **Nehmen Sie sich jeden Tag Zeit,** Ihre Kaninchen zu beobachten, sie mit Leckereien zu füttern und sie so an sich zu gewöhnen. Ihr Vertrauen sprechen die Kaninchen Ihnen aus, indem sie sich in Ihrer Anwesenheit entspannt im Käfig aufhalten, fressen oder sogar schlafen.

▶ **Bei der Handfütterung** können Sie nun auch erste Streichelversuche unternehmen: Kraulen Sie zuerst hinter den Ohren und wenn die Tiere das zulassen, können Sie ganz allmählich über den ganzen Körper streicheln. Fühlen die Tiere sich dabei wohl, können Sie sie auch mit den Händen umfassen.

Hochheben und tragen

Der Griff ins Nackenfell verhindert unerwartetes Herunterspringen.

Vermeiden Sie Hektik und sprechen Sie die Tiere wie gewohnt ruhig an. Fassen Sie dabei nicht zu fest zu, aber trotzdem so sicher, dass das Tier nicht fallen kann. Jungtiere hochheben: Umfassen Sie die Brust mit einer Hand, Zeige- und ggf. Ringfinger zwischen den Vorderbeinen geben Stabilität. Die restlichen Finger umschließen den Brustkorb so weit es geht. Mit der anderen Hand stützen Sie den Po.

SMART

Richtig transportieren

› **Die Transportbox** aus Kunststoff sollte für zwei mittelgroße Kaninchen etwa 40 cm lang, 30 cm tief und 30 cm hoch sein.
› **Richten Sie die Box** mit Kleintierstreu, Stroh und Heu ein.
› **Sind Sie länger** als eine Stunde unterwegs, sollten Sie Frischfutter (siehe Seite 48) in die Box legen.

Ausgewachsene Kaninchen: Fassen Sie es zur Sicherheit am Nackenfell. Stützen Sie zum Hochheben mit der anderen Hand den Po. Auf keinen Fall sollten Sie ein Kaninchen nur am Nackenfell hochheben – das tut weh! Tragen: Halten Sie das Kaninchen auf einem Arm vor der Brust. Die andere Hand legen Sie auf den Rücken und halten dabei das Nackenfell fest. ●

Freunde finden

„My home is my castle" – frei nach diesem Motto verteidigen Kaninchen ihr Revier unerbittlich gegen Eindringlinge und fechten heftige Kämpfe um die Rangfolge aus. Bei wild lebenden Kaninchen haben die in einem Kampf unterlegenen Tiere die Möglichkeit, sich außer Reichweite des Gegners in Sicherheit zu bringen. Leben die Langohren auf begrenztem Raum, können sie sich dem Kontrahenten nicht entziehen. Die Folge ist, dass es bei einer Vergesellschaftung nicht selten zu blutigen Verletzungen kommt. Mit sorgsamer Vorbereitung können Sie den Tieren unnötigen Stress ersparen und viel dazu beitragen, dass sie letztendlich doch noch dicke Freunde werden.

Aller Anfang ist schwer ...

Führen Sie die Tiere auf neutralem und beiden unbekanntem Terrain zusammen, etwa im Flur, im Badezimmer oder in einem aus mobilem Gitter bestehendem Auslaufgehege in der Küche. Nachdem beide Kaninchen zusammengesetzt wurden, werden sie sich früher oder später jagen und besteigen, um ihre Rangordnung zu klären. Dabei kann es unterschiedlich heftig zugehen: Oft fliegen Haare, die entweder von den Tieren vor lauter Stress abgeworfen oder vom Kontrahenten ausgebissen werden, und es geht laut zu, manchmal wird auch geknurrt und gekratzt. Dieses Gerangel kann mit Pausen mehrere Tage dauern. Trennen Sie die Tiere nicht, es sei denn, ein Kaninchen hat eine blutende Wunde. Verwenden Sie dann dicke Handschuhe zur Trennung, sonst werden auch Sie gebissen.

Ist für 24 Stunden Ruhe eingekehrt, können Sie den Tieren Freilauf in der ganzen Wohnung gewähren (siehe Seite 28). Ein gutes Zeichen ist es, wenn es dann für einige Stunden keine Auseinandersetzungen mehr gibt und die Langohren die gegenseitige Nähe tolerieren, z. B. miteinander kuscheln, gegenseitige Körperpflege betreiben oder zusammen an einem Haufen Heu mümmeln. Erst dann können die Kaninchen gemeinsam in ihr neues Gehege einziehen.

Quarantäne muss sein

Bringen Sie das neue Kaninchen in einem separaten Raum unter – ohne Sicht- oder Riechkontakt zum vorhandenen.

Reinigen Sie sich nach jedem Kontakt mit dem neuen Tier oder dessen Gehege die Hände, ggf. desinfizieren und Kleidung wechseln.

Lassen Sie eine Kotprobe des neuen Tieres vom Tierarzt auf Krankheiten untersuchen und achten Sie auf Krankheitsanzeichen (siehe Seite 50).

„Wer bist denn du?" Vorsichtiges Beschnuppern zur Begrüßung.

Trautes Heim

Wenn Sie die Möglichkeit haben, sollten Sie das Gehege an einem anderen Platz aufbauen (siehe Seite 27). Reinigen Sie das gemeinsame Gehege so gründlich mit Essigwasser, dass es nach Möglichkeit nicht mehr nach dem bisherigen Bewohner riecht, richten Sie es mit neuem Zubehör ein (siehe Seite 34) und ordnen Sie die Einrichtungsgegenstände anders an als vorher. Setzen Sie nun den Neuzugang zuerst hinein. Erst nach ein bis zwei Stunden kommt Ihr

SMART

Tipps zur Vergesellschaftung

› **Vergesellschaften Sie** die Tiere nur, wenn Sie viel Zeit haben, um Aufsicht zu führen, etwa während Ihres Urlaubs.
› **Viel Platz** ist wichtig, damit die Tiere sich aus dem Weg gehen können.
› **Bieten Sie** nur Versteckmöglichkeiten jeweils mit Ein- und Ausgang an (siehe Seite 35), für jedes Tier mindestens zwei.
› **Bieten Sie** im Gehege verstreut reichlich Futter und Heu an.

alteingesessenes Tier dazu. In den ersten Tagen und Wochen kann es immer wieder einmal zu kurzen Auseinandersetzungen kommen, die aber schnell wieder beendet sein sollten. Wenn die Tiere ihre Aktivitäten aufeinander abstimmen, zusammen fressen und kuscheln, haben sie Freundschaft geschlossen.

Wenn es nicht klappt

Es kann vorkommen, dass eine Vergesllschaftung scheitert – die Tiere passen dann einfach nicht zusammen. Trennen Sie sie und bitten Sie einen Fachmann um Unterstützung bei der Wahl eines neuen Partners. ●

Wohn-welten

24 Zimmerduft oder Frischluft?

32 Selbstbau-Wohnungen

34 Trautes Heim – das muss rein

36 Spannende Extras –
So macht Wohnen noch
mehr Spaß

38 Wohnwelten im Garten

40 Kurzurlaub

42 Die Gartenresidenz

SPEZIAL

Zimmerduft oder Frischluft?

Hüpfen, buddeln und flitzen – die Möglichkeiten, alle diese für Kaninchen typischen Dinge zu tun, muss ihnen ihr Lebensraum bieten.

Am wohlsten fühlen sich Kaninchen in einem spannend eingerichteten und sicheren Gehege im Garten. Wenn zumindest in der warmen Jahreszeit eine Wiese für einen Auslauf vorhanden ist und während der restlichen Zeit viel Platz in der Wohnung für die unternehmungslustigen Langohren abgezweigt wird, kann Wohnungshaltung eine Alternative sein.

Warum draußen?

Die Kaninchen können das ganze Jahr über frische Luft und Sonne genießen. Sie können nach Herzenslust buddeln, haben viel Platz zum Toben und beschäftigen sich täglich lange mit der Futtersuche. Die Freiluftwohnung ist die natürlichste Form der Kaninchenhaltung. Die Einstreu des Zimmergeheges verursacht Staub und Schmutz, Kaninchen werden nicht immer stubenrein. Das stört besonders reinliche Hausfrauen und -männer und kann für Menschen, die an Atemwegsproblemen leiden, zum Problem werden. Auch bei bester Haltung wird das Wohnungsgehege riechen, vor allem die Toilettenecke. Empfindliche Nasen mögen das gar nicht.

Warum drinnen?

Die Kaninchen dürfen wegen anatomischer Besonderheiten, ihres Fells, Krankheit oder hohen Alters die kalte Jahreszeit nicht draußen verbringen (siehe Seite 38). Sie haben keinen ausreichend großen Garten, um ein Ganzjahresgehege zu bauen oder Ihr Vermieter erlaubt das nicht.

Auf die Größe kommt es an

Was würden Sie sagen, wenn Ihnen jemand erzählt, dass er seinen Yorkshire Terrier oder seine Katze auf Dauer in einem kleinen Käfig hält? Selbst wenn die Tiere für

Gemeinsames Spielen in der Wohnung sorgt für Abwechslung.

zwei Stunden am Tag nach draußen dürften, wären Sie sicherlich noch immer empört. Und das zu Recht! Was für Hunde und Katzen selbstverständlich ist, scheint aber für Kaninchen noch immer nicht zu gelten. Dabei sind die quirligen Langohren ebenfalls sehr bewegungsfreudig und büßen bei nicht ausreichendem Platzangebot erheblich an Lebensqualität ein. Sie wollen sicher keine Heimtiere, die aus Mangel an Gelegenheit für sonstige Aktivitäten nur gelangweilt in der Ecke sitzen, sondern Sie möchten sich bestimmt

Dazugelernt

> **Meinen ersten Kaninchen** kaufte ich den größten Käfig, den es im Zoofachladen gab. Bald kaufte ich einen zweiten Käfig und verband beide miteinander. Trotzdem reichte das den Tieren nicht aus. Und so trennte ich das Zimmer ab und reservierte ihnen einen eigenen Wohnbereich. Mit jeder Vergrößerung wurden die Kaninchen aktiver und ich hatte viel mehr Freude daran, sie zu beobachten.

Nach Herzenslust buddeln geht draußen am besten.

an ihrem natürlichen und interessanten Verhalten erfreuen.

Aus diesem Grund sollte die Gehegegröße für zwei kleine Kaninchen, ob drinnen oder draußen, mindestens vier Quadratmeter betragen, größere Tiere brauchen etwa 50 Prozent mehr Grundfläche – und selbst das ist noch ein Kompromiss. Die Höhe des Geheges muss den Tieren erlauben, munter zu hüpfen. Die Abdeckung, die draußen wichtig zum Schutz vor Fressfeinden ist, sollte also in etwa einem Meter Höhe angebracht sein.

Können Sie Ihren Kaninchen in der Wohnung nicht so viel Platz zur Verfügung stellen, brauchen die kleinen Racker täglich mehrere Stunden Freilauf in der Wohnung (siehe Seite 28), z. B. drei Stunden morgens und drei Stunden abends. ●

Kaninchen in der Wohnung

Wenn Sie mit Ihren Langohren Ihre Wohnung teilen wollen, gibt es mehrere Möglichkeiten, wie Sie deren Lebensraum gestalten können.

Der richtige Käfig

▸ **Ein Käfig** kann sehr nützlich sein. Er dient den Tieren als Rückzugsort während des Freilaufs (siehe Seite 28) und viele Kaninchen benutzen dann auch die Toilettenecke im Käfig, um Kot oder Urin abzusetzen. Voraussetzung ist, dass die Langohren beim Freilauf jederzeit die Möglichkeit haben, ihren Käfig aufzusuchen, z. B. über eine Holzrampe. Außerdem können Sie im Käfig den Wassernapf und den Napf für das Frischfutter aufstellen.

▸ **Achten Sie** bei der Auswahl des Käfigs auf eine mindestens 20 cm hohe Bodenwanne. Dann fällt weniger Einstreu hinaus, wenn die Kaninchen darin buddeln. Der Deckel muss aus Gitter bestehen. Kunststoffwannen als Abdeckung sorgen für ein schlechtes Klima im Käfig, das Krankheiten bei den Tieren begünstigt. Viele und große Türen erleichtern Ihnen die Reinigung. Keinesfalls dürfen die Tiere auf Gitterboden gehalten werden. Das schadet den Ballen und hindert sie an der Aufnahme des Blinddarmkots (siehe Seite 65).

Mehr Raum

Als ständiges Quartier sind die im Handel erhältlichen Käfige jedoch selbst für Zwergkaninchen meist zu klein (siehe Seite 25). Die großen Kaufkäfige haben eine Grundfläche von circa 140 × 70 cm, das ist nur knapp 1 m². Auch wenn Sie zwei Käfige zusammenstellen und den Tieren die Möglichkeit geben, beide zu nutzen, ist an kaninchentypisches Spielen nicht zu denken. Denn abgesehen von der immer noch gerin-

Zimmerservice

Täglich: Frischfutterreste und groben Schmutz aus der Einstreu entfernen, Futternäpfe, Wassernapf oder -trinkflasche reinigen, Toilettenecke säubern.

1- bis 2-mal wöchentlich: Grundreinigung des Käfigs. Dazu wird der größte Teil der Einstreu entfernt. Etwas markierte Einstreu sollte im Gehege bleiben, denn der vertraute Duft gibt den Tieren ein „Heimatgefühl". Das Gehege und bei Verschmutzung auch die Einrichtungsgegenstände werden mit heißem Wasser oder bei größeren Verschmutzungen mit Essigreiniger (danach gründlich mit Wasser nachspülen) abgewaschen. **Wichtig:** Keine anderen Reinigungsmittel verwenden und alles gut trocknen lassen, bevor das Gehege wieder eingestreut und eingerichtet wird.

Bei Bedarf: Bei Erkrankung eines Tieres nach Absprache mit dem Tierarzt das Gehege und die Einrichtungsgegenstände desinfizieren.

Als Dauerunterkunft ist auch der größte Käfig nicht geeignet.

gen Grundfläche ist die Käfigdecke in der Regel noch
nicht einmal 50 cm hoch –
große Sprünge sind da nicht
möglich.

Es gibt aber einen Trick, um
die Grundfläche für das In-
door-Gehege ohne viel Auf-
wand zu vergrößern: Tren-
nen Sie um den Käfig herum
eine zusätzliche Freilaufflä-
che ab. Das geht ganz leicht
mit mobilen Gitterelementen
aus dem Zoofachhandel, die
zusammengesteckt werden.
Haben die Gitterelemente
eine Höhe von etwa einem
Meter, springen die Langohren in der Regel auch nicht
darüber (siehe Seite 31).

Standort

Damit die Tiere sich in ihrem Kaninchenheim rundum
wohl fühlen, kommt es auf
den richtigen Standort an.

▸ **Die Temperatur** sollte zwischen 10 und 20 °C liegen,
starke Temperaturschwan-
kungen müssen aber vermie-
den werden. Eine Luftfeuch-
tigkeit von 60 % ist ideal.

▸ **Frischluft** ist wichtig – Zugluft macht aber krank!

▸ **Der Platz** soll hell sein und
natürliches Licht bieten.

▸ **Direkte Sonne** und ein Platz
an der Heizung können zu
Überhitzung und gefähr-
lichem Hitzschlag führen

(siehe Seite 50). Besonders
in Dachgeschosswohnungen
ohne Klimaanlage wird es
im Sommer sehr heiß, dort
sollten Sie besser keine
Kaninchen halten.

▸ **Hektisches Treiben** in der
Nähe des Geheges stresst
die Tiere. Wählen Sie besser
eine ruhige Ecke aus.

▸ **Kaninchen** werden häufig
erst abends richtig munter.
Kinderzimmer und Schlaf-
zimmer sind deswegen keine
geeigneten Plätze für das
Gehege, sonst stört der Tru-
bel im Kaninchengehege
Ihren Schlaf.

▸ **Laute Musik** und Zigaret-
ten- oder Zigarrenqualm
sind im Kaninchenzimmer
natürlich tabu. ●

Freilauf im Zimmer

Wenn Sie Ihren Kaninchen in Ihrer Wohnung keinen mehrere Quadratmeter großen Lebensraum einrichten können, brauchen Ihre Langohren täglich mehrere Stunden Freilauf, um sich richtig austoben zu können.

Die Kaninchen beim Freilauf zu beobachten kann besser sein als ein spannender Film im Fernsehen. Sie werden Ihren Spaß daran haben, auf welche Ideen die kleinen Kerlchen dabei kommen. Damit die Freude dauerhaft ist, sollten Sie Ihre Wohnung kaninchensicher gestalten. Dazu gehört es auch, glatte Böden, wie Laminat oder Parkett, z. B. mit alten Flickenteppichen zu belegen, die auch gerne angeknabbert werden dürfen und alles, was Ihnen lieb und teuer ist, außer Reichweite zu bringen.

Sicherheitscheck

▶ **Sichern Sie** alle Kabel gegen Knabberversuche, z. B. durch Abdecken oder Verlegen in Kunststoffrohren.

▶ **Viele Zimmerpflanzen** sind für Kaninchen giftig. Stellen Sie alle Zimmerpflanzen hoch oder schützen Sie diese mit einem Gitter (siehe Seite 41). Achten Sie dabei auch auf herunterfallende Blätter.

▶ **Entfernen Sie** teure Teppiche und schützen Sie wertvolle Möbel mit Gitterelementen oder einer Abdeckung aus Pappe.

▶ **Bewahren Sie** alle giftigen Stoffe, wie Medikamente, Zigaretten, Reinigungsmittel, Filz- und Buntstifte, sicher außer Reichweite der Tiere in einem Schrank auf.

▶ **Schließen Sie** alle Türen und über das Sofa erreichbare Fenster.

▶ **Informieren Sie** alle Familienmitglieder über den Freilauf der Kaninchen, damit keines der Tiere versehentlich getreten oder eine Tür offen gelassen wird, ggf. ein Schild an der Zimmertür aufhängen.

▶ **Bringen Sie** andere Heimtiere in anderen Zimmern unter oder beaufsichtigen Sie selbst bei einem zuverlässigen Hund den Auslauf.

Auf Entdeckungstour im Wohnzimmer wird auch das Sofa erobert.

Stubenreine Kaninchen?

Viele Kaninchen werden in einem gewissen Rahmen stubenrein, verlassen können Sie sich darauf aber nicht. Als revierbezogene Tiere ist es für Kaninchen ganz normal, ihr Territorium mit Urin zu markieren. Das lässt sich nicht abgewöhnen. Vorbeugend können Sie im Zimmer Katzentoiletten (gefüllt mit handelsüblicher Kleintierstreu, siehe Seite 35) an den Plätzen aufstellen, wo die Tiere häufig Kot und Urin absetzen. Sagen Sie laut „Nein!", wenn ein Kaninchen sein Hinterteil hebt, um sein Geschäft zu verrichten und bringen Sie es dann

So macht Streicheln Spaß: Das Kaninchen kann jederzeit weghüpfen.

schnell in sein Gehege zurück. Auf keinen Fall dürfen Sie das Tier aber strafen, geschweige denn schlagen.

Spielplatz

Richten Sie eine Ecke des Zimmers als Vergnügungspark für Ihre Kaninchen ein. Dadurch bieten den unternehmungslustigen Tieren zusätzliche Abwechslung und Beschäftigung und hal-

ten sie vielleicht sogar davon ab, an Ihren teuren Möbeln zu knabbern. Zum Einrichten des Spielplatzes bieten sich Kartons mit Schlupflöchern, verschiedene Buddelkisten (siehe Seite 36), Pflanzen und frische Zweige, die angeknabbert werden dürfen (siehe Seite 48), kuschelige Liegeplätze und Kugeln zum Herumkullern, alte Handtücher, um darin zu scharren etc., an. ●

Ein Kaninchenzimmer

Haben Sie ein Zimmer übrig, das unbenutzt ist oder das nur dazu dient, Sommer- und Winterkleidung zwischenzulagern? Ihre Kaninchen haben Verwendung dafür und würden sich über ein eigenes Zimmer freuen!

Viel Platz

▸ **In einem eigenen** Zimmer haben Ihre Langohren ihr eigenes Reich und können nach belieben toben, flitzen und springen. Sie können dabei ganz entspannt sein und das Treiben genießen, denn Sie müssen nicht befürchten, dass die Racker sich an teuren Möbeln vergehen, ein Kabel anknabbern oder auf andere Art zu Scha-

den kommen. Außerdem sparen Sie sich das Geld für das Gehege und müssen nur für eine abwechslungsreiche Inneneinrichtung sorgen (siehe Seite 36).

▸ **Als Bodenbelag** bietet sich ein robuster, kurzfloriger Teppich an. Haben die Bewohner genug Abwechslung, werden sie den Teppich in der Regel nicht anknabbern. Um ganz sicherzugehen, können Sie den Teppich beim Verlegen an den Wänden einige Zentimeter überstehen lassen und eine 40 bis 50 cm hohe Plexiglasverkleidung an der Wand anbringen. Das schützt gleichzeitig die Tapeten und Wände davor, angeknabbert zu werden. Noch besser: Der Boden

ist mit Fliesen ausgelegt, darauf befindet sich eine etwa 5 cm hohe Schicht Einstreu (siehe Seite 34) und darauf noch eine Lage Stroh. Das vermindert eine möglicherweise entstehende Geruchsbelästigung, da verschmutzte Streu ja regelmäßig ausgetauscht wird.

Lebensräume schaffen

Wildkaninchen verarbeiten tagtäglich die verschiedensten Sinneseindrücke. Die Ballen ihrer Pfötchen tasten beim Laufen die unterschiedliche Beschaffenheit der verschiedenen Bodenuntergründe, z. B. von Gras, Erde, Sand, Holz etc., und nehmen dabei auch Unterschiede der Temperatur und Feuchtigkeit wahr. Ihre Nasen erschnuppern die verschiedensten Duftstoffe: Sand riecht anders als Erde, Gras unterschiedlich je nach Sorte und Standort und die verschiedenen Kräuter erkennen sie auch am für sie typischen Geruch. Ein Zimmer für Ihre Kaninchen bietet sich hervorragend dafür an,

---

Hitze – nein danke

Kühle Fliesen sind im Sommer beliebte Liegeplätze. Wickeln Sie Kühlakkus in ein Tuch ein und legen Sie sie auf den Käfig. Die kühle Luft sinkt nach unten.

Legen Sie feuchte Tücher auf den Käfig und stellen Sie einen Kasten mit feuchtem Sand ins Gehege.

Verpassen Sie Ihren Langhaar-Kaninchen eine fesche, kurze Sommerfrisur.

Ihren Langohren ein Fest für die Sinne zu bereiten.

▸ Teilen Sie dazu das Zimmer z. B. mit 5 bis 10 cm hohen Kanthölzern in unterschiedliche Bereiche auf. Nun legen Sie in jedem Abteil eine eigene Erlebniswelt an. Als Grundlage dafür dient unterschiedliche Einstreu. Ein Abteil können Sie mit Sand einstreuen (siehe Seite 36), ein anderes mit unbehandelter Erde, ein weiteres kleines sollte nur mit Fliesen ausgelegt sein, damit die Tiere ein kühles Plätzchen zum Ausruhen haben. Für die anderen Bereiche dient normale Kleintierstreu als Unterlage, die mit unterschiedlicher Überstreu aufgepeppt wird, z. B. eines mit

Abwechslung: **Streuen Sie verschiedene Bereiche unterschiedlich ein.**

SMART

Designer-Gehege

> **Haben Sie kein Zimmer** übrig, können Sie einen Teil der Wohnung passend zur Einrichtung abtrennen, z. B. mit einem Holzzaun für einen Bauerngarten, modernen Balkongittern aus Metall (Abstände dürfen nicht größer als 4 cm sein) oder Plexiglaswänden. Im Baumarkt werden Sie bestimmt fündig.

Stroh, eines mit Heu und dann gibt es im Zoofachhandel noch Überstreu, die Bestandteile bestimmter Bäume, Gräser oder Kräuter enthält und jeweils anders duftet. Verzichten Sie dabei auf parfümierte Streu, denn diese führt bei vielen Kaninchen zu Beschwerden. Der natürliche Duft der Einstreu, verschiedener Hölzer und frischer Pflanzen ist völlig ausreichend. Tipp: Legen Sie mehrere Papierknäuel auf den Boden, viele Kaninchen spielen gerne damit.

▸ Mehr Abwechslung schaffen Sie durch die Einrichtung der Abteile nach verschiedenen Schwerpunkten, z. B. eine Ecke mit natürlichen Materialen, auf den Fliesen Tonröhren und Steine und in einem Abteil kuschelige Liegeplätze. Wichtig: Alles muss stabil und sicher aufgebaut sein, damit es nicht zusammenstürzen und die Tiere verletzen kann. ●

Selbstbau-Wohnungen

Wenn es Ihnen Freude bereitet, tolle Wohnideen für Ihre Langohren auszutüfteln und umzusetzen, sind Sie der ideale Kandidat für ein einmaliges und unverwechselbares Kaninchenheim der Marke Eigenbau.

Ihrer Kreativität ist dabei keine Grenzen gesetzt. Die Vorteile: Sie können den vorhandenen Platz optimal ausnutzen, die Optik des Geheges an Ihre Wohnungseinrichtung oder Ihre Vorlieben anpassen. Selbst gebaute Kaninchengehege sind preiswerter als vergleichbare Kaufgehege – sofern es so schöne Gehege überhaupt zu kaufen gibt.

Kaninchen im Kleiderschrank

Haben Sie noch einen Kleiderschrank übrig, der nicht benutzt wird? Dann funktionieren Sie ihn doch zur Kaninchenwohnung um.

1 Schneiden Sie in der Mitte einer Seite eine ca. 30 cm breite Fläche heraus (Abstand nach oben und unten jeweils 10 cm). Bringen Sie von außen Hasendraht an. Das ist wichtig für eine ausreichende Belüftung.

2 Planen Sie so viele 1 cm dicke Regalbretter mit mindestens 50 cm Abstand ein, wie es die Höhe des Schrankes erlaubt.

3 Schneiden Sie an jeder kurzen Seite der Regalbretter eine Fläche von 20 × 20 cm aus und bauen Sie die Regalbretter ein. So haben die Tiere immer zwei Möglichkeiten, hoch- bzw. abzusteigen.

4 Jedes Regalbrett bekommt nun eine nage- und wasserdichte Unterlage.

5 Bauen Sie für jede Öffnung eine 20 cm breite, ausreichend lange und nicht zu steile Rampe zur unteren Etage. Damit die Kaninchen nicht rutschen, können Sie die Rampen mit Filz belegen oder in jeweils 5 cm Abstand Querstreben anbringen.

6 Bringen Sie an den Vorderseiten der Etagen eine etwa 10 cm hohe Blende aus Holz oder Plexiglas an. Dadurch fällt weniger Einstreu herunter.

7 Tauschen Sie die Türen gegen Gittertüren aus. Alternativ können Sie die vorhandenen Schranktüren bis auf einen 5 cm breiten Rand an jeder Seite ausschneiden und daran das Gitter befestigen.

8 Durch ein mobiles Gitter um das Gehege mit ständigem Zugang wird die Grundfläche weiter vergrößert.

Material

Verwenden Sie unbehandeltes oder mit unschädlichem Lack gestrichenes Holz (siehe Seite 35). Für die Innenseiten eignet sich auch beschichtetes Spanholz, da es leicht abwaschbar ist.

Nägel und Schrauben dürfen nicht überstehen.

Abstehende Splitter müssen entfernt werden.

Wichtig ist eine gute Belüftung des Geheges. Wenn notwendig, seitlich noch Gitter einfügen.

Schnell gebastelt: Mit Gewebeband zusammengeklebte Plexiglas-oder Holzplatten eignen sich prima als Auslaufbegrenzungen.

8 Fertig ist das Schrankgehege und muss nur noch eingerichtet werden. Ihnen gefällt die Idee, Sie haben aber keinen Schrank zur Verfügung? Dann können Sie im Möbelhaus Kellerregale aus unbehandeltem Massivholz kaufen und entsprechend umbauen. Das gibt Ihnen die Möglichkeit, mehrere aneinander zu bauen und so die Grundfläche zu vergrößern. Verwenden Sie aber keine neuen Schränke aus Spanplatten. Das Pressholz dünstet oft noch Chemikalien aus, die den Kaninchen schaden können.

SMART

Praktisch

> **Achten Sie** beim Bau des Geheges darauf, dass Sie alle Winkel bequem erreichen können. Sonst wird die Reinigung zur akrobatischen Meisterleistung.

> **Bringen Sie** ausreichend große Türen an, das erleichtert die Handhabung im Gehege.

> **Nach oben** zu öffnende Türen können mit Streben gestützt oder von oben passend angebrachten Haken gehalten werden. So haben Sie zwei Hände beim Reinigen frei.

Traumhäuser selber bauen

Entdecken Sie den Architekten in sich und bauen Sie Ihren Langohren ein Traumhaus. Das eröffnet Ihnen die Möglichkeiten, die ausgewählte Fläche in Ihrer Wohnung optimal auszunutzen und auch Schrägen mit einzubeziehen.

Die Grundlagen können Sie aus dem oben beschriebenen Schrankgehege entnehmen. Doch Sie sind ganz frei in Ihrem Entwurf und können ein Gehege bauen, das zum attraktiven Blickfang Ihrer Wohnung wird und den pelzigen Bewohnern einen tollen Lebensraum bietet. ●

Trautes Heim – das muss rein

Die Inneneinrichtung des Geheges muss praktisch und leicht zu reinigen sein. Bringen Sie das Zubehör so an, dass es den Tieren nicht im Weg steht, dann bleibt es auch länger sauber.

Einstreu

Als Grundlage für das Kaninchenheim ist etwa 5 bis 10 cm hoch eingestreute Kleintier-

Frisches Wasser muss den Tieren immer zur Verfügung stehen.

streu aus dem Zoofachhandel ideal, z. B. aus Weichholz, Stroh, Hanf oder Flachs. Pellets, z. B. aus gepressten Stroh oder Holz, können den zarten Ballen der Kaninchenpfoten schaden. Verzichten Sie auf parfümierte Streu – naturell ist besser, denn Kaninchen haben sehr empfindliche Nasen. Es bleibt im Käfig trockener und das Fell der Tiere sauberer, wenn Sie auf der Kleintierstreu noch eine Lage Stroh aufbringen.

Näpfe

Schwere Keramiknäpfe mit großer Bodenfläche bieten sich für das Frischfutter und das Wasser an – am besten auf einer Etage aufgestellt, damit alles sauber bleibt. Wasser können Sie auch in einer Tränke anbieten. Tiergerechter ist es, wenn die Kaninchen das Wasser aus einem Napf trinken können.

Heuraufe

Damit das Heu nicht verschmutzt, sollte es in einer Raufe angeboten werden. Viele Gitterraufen bergen

jedoch die Gefahr, dass die Tiere mit den Beinen im Gitter hängen bleiben und sich verletzen, wenn sie auf die Raufe springen. Besser sind Raufen, die von außen am Käfiggitter befestigt werden können. Noch schöner sind selbst gemachte Heuraufen (siehe Seite 46).

Stilles Örtchen

Probieren Sie es am besten mit einer ganz normalen Katzentoilette. Manche Langohren schätzen ihre Intimsphäre und bevorzugen überdachte Modelle, dann aber ohne Eingangsklappe. Nagen die Tiere den Kunststoff an, sollten Sie auf Schalen aus Metall oder Keramik ausweichen – im Haushaltswarenbedarf werden Sie bestimmt fündig.
Verwenden Sie als Einstreu die normale Kleintierstreu ohne Deodorant. Klumpstreu wird von manchen Kaninchen gefressen und verklumpt dann im Magen, was sogar zum Tod des Tieres führen kann, der Staub kann Lungenschäden verursachen.

Gekaufte Heuraufen sollten von außen am Gitter befestigt sein.

Unterschlupf

Für jedes Kaninchen sollte mindestens ein Unterschlupf vorhanden sein. Da diese oft angenagt werden, verwenden Sie besser nur Modelle aus Naturholz. In Plastikhäusern ist das dort entstehende feuchte Klima ungünstig.

▸ **Häuser** Jedes Haus sollte so groß sein, dass sich auch zwei Kaninchen darin aufhalten können. Für kleine Kaninchen bieten sich eine Kantenlänge und eine Höhe von jeweils 40 cm an. Wichtig sind ein Aus- und ein Eingang mit ca. 15 cm Durchmesser für kleine Langohren. Hat das Haus nur eine Öff-

nung, kann es bei Auseinandersetzungen zur Falle werden, wenn sich das unterlegene Tier hineinflüchtet. Größere Tiere brauchen grö-

ßere Häuser und Türen! Modelle mit Flachdach werden gern als Liegeplatz genutzt.

▸ **Etagen** Zwischen die seitlichen Käfiggitter geklemmt oder mit Schrauben und Unterlegscheiben befestigt, sind mindestens 30 cm breite und in 30 cm Höhe angebrachte Holzetagen beliebte Unterschlüpfe und Aussichtsplätze. Mit einem unschädlichen, auch für Kindermöbel geeigneten Lack gestrichen, bleiben sie lange haltbar und sind leicht zu reinigen. Zusätzliche Rampen erleichtern den Tieren den Aufstieg. ●

SMART

Häuser und Etagen selber bauen

› **Passende Häuser** und Etagen sind nicht immer im Zoofachhandel vorrätig. Sie können diese aber leicht selbst bauen. Auch Kinder haben zusammen mit den Eltern Spaß an daran und freuen sich über ihre Arbeit.

Spannende Extras –
Wohnen mit Spaßfaktor

Nur die notwendigste Grundausstattung im Gehege? Das ist doch langweilig für die Bewohner. Peppen Sie das Kaninchenheim mit spannenden Einrichtungsgegenständen auf und bieten Sie Ihren pelzigen Untermietern Abwechslung.

Dicke Äste und Baumrinde (siehe Seite 49) sowie unbedruckte Papprohren ohne Klebstoffreste und Röhren bzw. Platten aus Kork dürfen nach Herzenslust von den Tieren angenagt werden. Außerdem können sie einfach zu Unterschlüpfen und Tunneln arrangiert werden. Kork gibt es in der Aquaristik-

abteilung des Zoofachhandels. Niedrige Tische, die Sie leicht selbst bauen können, bieten Verstecke und Aussichtsplätze. Kinderstühle oder -sessel werden als Ruheplätze genutzt. Ein altes Betttuch über die Lehnen gespannt ergibt eine Höhle, und auf dem Boden liegend kann es durchwühlt werden.

Viele Kaninchen liegen bevorzugt in Kuschelbetten aus Plüsch – selbst genäht oder aus dem Zoofachhandel. Bei der Gestaltung ist alles erlaubt, was den Kaninchen nicht schadet. Deswegen: Holz sollte unbehandelt oder mit einem für Kindermöbel geeigneten Lack gestrichen („sabbersicher") sein.

◀ Goldgräber Kaninchen lieben es zu buddeln. Für die schnelle Buddelrunde zwischendurch reicht eine mit Sand gefüllte, offene Katzentoilette, in größeren Gehegen können Sie dauerhaft einen Sandkasten aus Kunststoff aus dem Spielzeugladen aufstellen. Wird er von den Kaninchen angeknabbert, sollten Sie auf ein Modell aus unbehandeltem Holz ausweichen. Gefüllt wird er mit Spielkastensand aus dem Baumarkt. Alternative: Eine zusätzliche Buddelecke mit unbehandelter Erde.

2 ◄ **Höhlenforscher** Kaninchen nutzen gerne vorhandene Tunnel – nicht nur zum Dösen, sondern auch zum Durchflitzen. Stofftunnel aus dem Zoofachhandel für Kaninchen oder Katzen sind sehr beliebt, manche Langohren mögen besonders Tunnel, die spannend rascheln.

▶ **Natürliches Flair** Ein Haselnussstrauch, in einen stabilen Keramiktopf mit unbehandelter Erde gepflanzt, wird mit Wonne angenagt. Dabei müssen die kleinen Gourmets sich ganz schön strecken. Leckerbissen sind auch große Schalen mit selbst gezogenen Gräsern und Kräutern (Höhe mindestens 20 cm) besonders im Winter: Ist eine Schale abgegrast, kommt die nächste ins Gehege.

3

4 ▲ **Alles für die Katz** Im Katzensortiment des Zoofachhandels gibt es auch tolle Sachen für Kaninchen. Zum Lieblingsplatz für neugierige Langohren wird bestimmt eine in 20 bis 30 cm Höhe an der Wand angebrachte kuschelige Liegemulde aus Stoff. Versteck und Aussichtsplattform bieten nicht zu hohe Katzenkratzbäume.

Wohn-Extras

Wohnwelten im Garten

Die Außenhaltung kommt den natürlichen Bedürfnissen der Kaninchen am nächsten. Damit auch alle Beteiligten daran Freude haben, müssen Sie einige Aspekte berücksichtigen.

Sommer und Winter

Leben Ihre Kaninchen die meiste Zeit des Jahres in der Wohnung, sollten Sie ihnen zumindest in der warmen Jahreszeit täglich für einige Stunden den Aufenthalt im Freien ermöglichen. Die Sommerfrische ist ab Mai und je nach Witterung bis September/Oktober möglich (siehe Seite 40). Noch besser ist jedoch eine ganzjährige Haltung im Freien. Gesunde

Kaninchen können bei entsprechendem Winterquartier (siehe Seite 42) ohne Probleme auch Minusgrade aushalten. Wichtig ist immer, dass die Tiere erst langsam an das Leben in freier Natur gewöhnt werden.

Wer darf nicht raus?

So schön und gesund der Aufenthalt im Freien für die Tiere ist, nicht alle Kaninchen sind für die Außenhaltung geeignet. Nur rundum gesunde Tiere dürfen Frischluft und Sonne das ganze Jahr über genießen.

▸ **Widder mit extrem langen Ohren** dürfen im Winter nicht raus, da sie die Körpertemperatur bei kaltem Wet-

ter nur schlecht halten können (siehe Seite 17). Kranke, hoch betagte und ggf. trächtige Tiere sollten drinnen bleiben. Kaninchen, die schon viele Jahre in der Wohnung gelebt haben, können sich nicht immer an die ganzjährige Außenhaltung gewöhnen und besonders im Winter schnell krank werden.

▸ **Kaninchen mit langem, sich scheitelndem Haar** können am Scheitel frieren – sie dürfen nicht raus. Im Sommer kann es am Scheitel zu Sonnenbrand kommen. Dann ist nur der Aufenthalt in einem schattigen Gehege möglich.

▸ **Das Fell langhaariger Kaninchen** (auch solcher, die nur an einigen Körperstellen lange Haare haben) besitzt oft nicht mehr die notwendigen Eigenschaften für die ganzjährige Außenhaltung: Es ist weder wasserabweisend noch isoliert es ausreichend die Wärme. Bei Kälte frieren die Tiere und bei Regen gelangt die Nässe bis auf die Haut – lebensbedrohliche Erkrankungen können die Folge sein.

▸ **Das Fell kurzhaariger weißer Kaninchen** setzt den Sonnenstrahlen selten genug Schutz

Außendienst

2- bis 3-mal täglich: Füttern, Frischfutterreste entfernen, Wasser kontrollieren und gegebenenfalls erneuern.
Täglich: Den Zaun kontrollieren, Löcher schließen.
Wöchentlich: Einstreu tauschen, Gehege und Einrichtung reinigen, Stroh und Heu in der Schutzhütte austauschen.
Monatlich: Einrichtung heiß abspülen, Hütte reinigen.

In diesem abwechslungsreichen Gartengehege fühlen sich die hoppelnden Bewohner sichtlich wohl.

entgegen und es kann zu Sonnenbrand kommen – diese also immer in den Schatten setzen.

Winterfest?

Wenn Sie planen, Ihre Kaninchen ganzjährig draußen zu halten, sollten Sie sie ab Mai (wenn es frostfrei ist) ins Außengehege setzen. So haben die Tiere ausreichend Zeit, sich an das Leben im Freien zu gewöhnen. Nur dadurch können sie dann im Herbst ausreichend Winterfell für die kalte Jahreszeit ausbilden.

SMART

Richtig ernährt

› **Bei kalter Umgebung** brauchen die Kaninchen mehr Energie, um ihre Körpertemperatur zu halten. Leben Langohren draußen, müssen sie also mehr fressen als Kaninchen in der Wohnung: mehr Wurzelgemüse, eventuell auch zusätzlich gehaltreicheres Futter, z. B. Haferflocken. Bieten Sie mehrmals täglich Futter an und kontrollieren Sie öfter, damit weder Futter noch Wasser einfrieren.

Raus oder rein?

Wird ein Kaninchen im Winter krank oder muss aus einem anderen Grund ins Haus geholt werden, müssen Sie das Tier bis zum Frühjahr drinnen behalten – möglichst mit einem Artgenossen und nicht im stark beheizten Wohnzimmer. Würde das Langohr von der warmen Stube direkt in die Kälte kommen, kann es schwer erkranken – von einer Erkältung bis hin zu einer Lungenentzündung. Wichtig: Waren die Kaninchen nur zu zweit draußen, darf das andere nicht alleine in der Kälte bleiben, sondern muss auch bis zum Frühjahr rein. ●

Kurzurlaub

Ein mobiles Freigehege ist eine praktische Möglichkeit, Ihren Wohnungskaninchen zeitweise die gesunde Sommerfrische zu ermöglichen.

Das mobile Gehege

Für das Gehege können Sie eine Variante aus Gitterelementen aus dem Zoofachhandel wählen oder selbst ein Gehege aus Hasendraht und Holzleisten bauen. Die Größe sollte auch hier vier Quadratmeter für zwei Zwergkaninchen nicht unterschreiten – größer ist natürlich immer besser. Für die Einrichtung können Sie sich Anregungen bei der Beschreibung der Innengehege holen. Schatten, Unterschlüpfe, Wasser und Heu müssen aber immer vorhanden sein.

Gut gesichert

Eine Netz- oder Gitterabdeckung darf nicht fehlen, damit weder Katzen noch Hunde in das Gehege  springen können und den Langohren einen meist nicht erfreulichen Besuch abstatten sowie Greifvögel keine Möglichkeit zur Selbstbedienung haben. Auch wenn das Gehege auf den ersten Blick gut gesichert zu sein scheint, sollten Sie trotzdem regelmäßig nach den Kaninchen schauen. Kaninchen sind Meister im Tunnelgraben und können sich bei längerer Zeit ohne Beobachtung Zentimeter um Zentimeter den Weg in die vermeintliche Freiheit buddeln.

Ein Schattenplatz schützt die Langohren vor Überhitzung.

Immer schön langsam

Gewöhnen Sie Ihre Tiere schon vor dem ersten Ausflug durch die Fütterung von frischem Gras an die ungewohnte Kost. Dazu geben Sie erst kleine Mengen, die Sie langsam steigern. Eine zu schnelle Umstellung oder zu große Mengen frischen Grases können Verdauungsprobleme (Blähungen und Durchfall) zur Folge haben. Ist das Grün im Gehege abgegrast, sollten Sie den Auslauf ein Stück versetzen.

Achtung giftig

Stellen Sie das mobile Gehege dort auf, wo keine giftigen Pflanzen wachsen. Sind Ihnen Pflanzen unbekannt, sollten Sie sich vorher beim Gärtner oder im Internet informieren (siehe Seite 60), ob diese von Ihren Langohren unbedenklich verzehrt werden dürfen. Folgende Pflanzen sind u. a. giftig: Agave, Aloe Vera, Alpenveilchen, Amaryllis, Aronstab, Azalee, Bärenklau, Bärlauch, Berglorbeer, Bilsenkraut, Bingelkraut, Blauregen, Bohnen, Buchsbaum, Buschwindröschen, Christus-

Sonnenschutz

> **Ein Häuschen** oder ein Sonnensegel sind als Schutz vor Sonnenstrahlen ungeeignet. Platzieren Sie das mobile Gehege deswegen dort, wo ein Baum oder ein Gebäude dem Gehege teilweise kühlen Schatten spenden. Prüfen Sie regelmäßig, ob noch ausreichend Schatten vorhanden ist – in praller Sonne droht den Tieren ein Hitzschlag (siehe Seite 50). Wichtig: Es muss immer frisches Wasser vorhanden sein.

Kaninchen fressen nicht immer nur Pflanzen, die ihnen bekommen.

dorn, Christrose, Diffenbachia, Efeu, Eibe, Eisenhut, Engelstrompete, Essigbaum, Farne, Ficus, Fingerhut, Geranien, Ginster, Goldregen, Gundermann, Hahnenfuss, Hartriegel, Heckenkirsche, Herbstzeitlose, Holunder, Hortensie, Hyazinthe, Kalla, Klivie, Kroton, Kartoffelkraut, Kirschlorbeer, Kornwicken, Lebensbaum, Liguster, Lilien, Lupine, Maiglöckchen, Monstera, Nachtschatten- gewächse, Narzissen, Oleander, Osterglocke, Philodendron, Primel, Rebendolde, Rhododendron, Rittersporn, Robinie, Sadebaum, Sauerklee, Schachtelhalm, Schierling, Schneebeere, Schneeglöckchen, Schöllkraut, Seidelbast, Sommerflieder, Stechapfel, Tollkirsche, Wacholder, Wolfsmilchgewächse (z. B. Weihnachtsstern), Wunderbaum (Rizinus). ●

Gartenresidenz

Bei einem Gartengehege können Sie Ihrem Schaffensdrang freien Lauf lassen und den Langohren ein Heim bauen, das alle ihre Wohnbedürfnisse erfüllt. Ob Reihenhaus oder Luxusvilla im Grünen – alles ist möglich.

Räuber haben keine Chance

Wählen Sie einen stabilen Zaun für das Gitter, z. B. Hasendraht. Die Maschenbreite und -höhe sollte 2 cm nicht überschreiten. So kann auch Kaninchennachwuchs nicht entweichen und kleine Raubtiere, wie Iltis, können sich nicht durch die Maschen mogeln. Damit weder Kaninchen noch Fressfeinde sich unter dem Zaun durchgraben können, sollten Sie den Zaun ca. 40 cm tief in den Boden eingraben. Das gesamte Gehege muss so stabil sein, dass sich auch hartnäckige Hunde keinen Zutritt verschaffen können, etwa indem sie den Zaun mit den Pfoten traktieren. Deswegen sollten Türgriffe auch zusätzlich mit Vorhängeschlössern gesichert sein. Ein Teil des Geheges muss immer beschattet sein (siehe Seite 41) und die Schutzhütte im Schatten stehen.

Mollig warm

Eine Schutzhütte dient den Langohren als behaglicher Rückzugsort bei schlechtem Wetter. Sie muss so aufgestellt sein, dass die Seite mit der Öffnung nicht zur Wetterseite zeigt, sonst zieht es. Sie bekommen solche Hütten im Zoofachhandel als Kaninchenställe für die Außenhaltung, können sie aber auch selbst bauen.

1 Alle Kaninchen sollten in der Hütte Platz haben. Für zwei kleine Kaninchen bietet sich z. B. ein Außenmaß von 120 × 60 cm an. Lebt eine große Gruppe im Gehege, empfiehlt es sich, noch ein oder zwei Schutzhütten zusätzlich aufzustellen.

2 Ideal ist eine Doppelwand-Konstruktion aus Holz und dazwischen Styropor zur Isolierung.

3 Zumindest die Außenwände der Wetterseite sollten Sie mit Dachpappe verkleiden oder Öl behandeln, um einer Verwitterung des Holzes vorzubeugen.

4 Mehrere Löcher, knapp unter dem Deckel angebracht, sorgen für frische Luft und damit ein gutes Klima in der Schutzhütte.

5 Die Öffnung, durch die die Kaninchen rein und raus gehen können, bringen Sie am besten am Ende einer langen Wand an. Wie ein Hausflur schützt eine Trennwand vor Kälte, Zugluft und Feuchtigkeit, die parallel zur direkt anliegenden kurzen Seite verläuft und etwa 70 % von deren Länge hat.

Richtig viel Platz gibt es nur im großen Gartengehege.

Für große Gehege brauchen Sie eventuell eine Baugenehmigung.

6 In der entgegengesetzten Ecke zur Tür ist der ideale Platz für eine Etage.

7 Eingerichtet wird die Schutzhütte mit der Grundausstattung (siehe Seite 34), nur dass Sie zur Wärmedämmung besser doppelt so viel Einstreu und Stroh verwenden sollten.

Reihenhaus oder Luxusvilla?

Eine Schutzhütte mit ausreichend großem Freilaufgehege wäre die einfachste Variante der Außenhaltung. Größer und schöner geht natürlich immer. Für Sie ist es praktischer, wenn die

Gehegedecke so hoch ist, dass Sie bequem darin stehen und sich bewegen können. Es darf gern auch 10, 20 oder mehr Quadratmeter groß sein, eine Rennstrecke bieten und wie ein Abenteuerspielplatz eingerichtet sein. Sie können das Gehege auch mit unschädlichen Materialien und Farben, Erkern und Türmchen bunt und lustig gestalten, damit es zum echten Blickfang wird.

Bodenbelag

› **Sand und Rindenmulch** sind eine saubere Sache als Bodenbelag. Ihre Kaninchen freuen sich auch über grüne Ecken im Auslauf. Bei viel Platz können Sie mehrere Teile des Auslaufs abtrennen und einsäen. Ist ein Abteil abgegrast, wird es für die Kaninchen gesperrt und das Grün kann wieder nachwachsen. Derweil können die Langohren die frischen Pflanzen eines anderen Abteils naschen.

Zusammen- leben mit Kaninchen

46 So schmeckts

48 Knackig frisch

50 Sind alle fit?

SPEZIAL 52 Körpersprache verstehen

54 Kaninchen für Kids

56 Kaninchen können mehr

58 Sportlich, sportlich

So schmeckts

Bewusste Ernährung ist heute mehr denn je ein Thema, das auch in der Heimtierhaltung immer wichtiger wird. Das Futter soll den anvertrauten Tieren nicht nur schmecken, sondern auch gesund sein.

Was frisst die Verwandtschaft?

Wildkaninchen bevorzugen entsprechend ihrem ursprünglichen Verbreitungsgebiet im Mittelmeerraum trockene, sandige Böden als Lebensraum. Das Nahrungsangebot ist dort in der Regel nicht in Hülle und Fülle vorhanden und so haben die vegetarischen Langohren sich auch nicht spezialisiert, sondern ihre Speisekarte enthält alles, was satt macht: frische und trockene Gräser, Kräuter, Blätter, Knospen, Rinde und Wurzeln. Um ihren Energie- und Nährstoffbedarf zu decken, verbringen die Tiere viele Stunden des Tages mit der Nahrungsaufnahme.

Richtig füttern

Obwohl Wildkaninchen inzwischen in vielen weiteren Ländern und sogar Kontinenten heimisch geworden sind und der Mensch ihnen durch Anpflanzungen auf Feldern und in Gärten häufig einen üppig gedeckten Tisch bietet, sollten Sie sich auch bei der Ernährung des

SMART

Heu

› **Bieten Sie** Ihren Kaninchen nur hochwertiges und langfaseriges Heu an. Es darf weder muffig riechen noch staubig oder verschimmelt sein. Ideal sind hochwertige Gras- und Kräutermischungen aus dem Zoofachhandel. Achten Sie darauf, dass den Tieren immer sauberes Heu zur Verfügung steht, das nicht mit Kot oder Urin verschmutzt ist (siehe Tabelle links).

erst seit wenigen Jahrhunderten als Heimtier gehaltenen Kaninchens seine wilden Vorfahren als Vorbild nehmen. Denn abgesehen von einem etwas kürzeren Darm beim Hauskaninchen unterscheidet sich die Verdauung nicht vom Wildkaninchen.

Slow Food

Die richtige Nahrung ist für Kaninchen viel mehr als die Zuführung von Energie und Nährstoffen. Falsche Nahrung hat Auswirkungen auf den ganzen Körper.

Heuraufe Marke Eigenbau

Stecken Sie Zweige in einen Ziegelstein und stopfen Sie das Heu dazwischen. Alternativen: Die Zweige auf einer dicken Holzplatte fixieren oder Rundhölzer verwenden und oben einen Holzdeckel als Deckel befestigen.

Schneiden Sie in einen alten Kissenbezug (ca. 40 × 40 cm) drei Löcher mit einem Durchmesser von ca. 6 cm (Löcher umnähen). Füllen Sie den Bezug mit Heu und hängen Sie ihn für die Tiere noch erreichbar an der Käfigdecke auf.

▸ **Die Zähne** eines Kaninchens wachsen immer weiter. Die richtige Nahrung mit vielen Faserstoffen sorgt dafür, dass die Zähne sich stetig abschleifen. Ist das nicht der Fall, kommt es zu Zahnfehlstellungen (siehe Seite 51). Füttern Sie deswegen reichlich Gras, Heu und Kräuter.

▸ **Der Darm** eines Kaninchens transportiert den Inhalt nicht wie beim Menschen durch die Peristaltik (das Zusammenziehen der Muskeln). Stattdessen muss ständig Nachschub vorhanden sein, damit es weitergeht. Füttern Sie Ihre Kaninchen aus diesem Grund mindestens zweimal täglich. Zusätzlich muss immer sauberes Heu zur Verfügung stehen.

▸ **Die Verdauung** von Kaninchen ist auf relativ **karge Kost** eingestellt – es muss viel fressen, um satt zu werden. Kraftfutter und vor allem zuckerhaltige Snacks enthalten reichlich Energie. Das Kaninchen braucht davon nur wenig, um seinen täglichen Kalorienbedarf zu decken. Die Folge: Es frisst bei entsprechendem Angebot mehr und wird zu dick, bzw. es muss nur wenig fressen um gesättigt zu sein, dann gibt es aber nicht genug

Hochwertiges Heu ist unerlässlich für die Gesundheit der Kaninchen.

Nachschub für den Darm und die Zähne werden nicht ausreichend abgerieben. Zucker bringt im Darm das Verhältnis der vorhandenen Bakterien durcheinander, die Folge sind Blähungen und weitere Verdauungsstörungen. Am besten sind ihre Kaninchen mit Frischfutter und Heu versorgt. Im Frischfutter sind die Nährstoffe im optimalen Verhältnis vorhanden, zusätzlich enthält

es die für die Verdauung notwendigen Ballaststoffe. Getrost verzichten können Sie auf Kraftfutter, zucker- oder melassehaltige Snacks und Brot.

▸ **Wasser** muss immer frisch und sauber bereitstehen (siehe Seite 34), selbst bei reichlicher Fütterung von Frischfutter.

▸ **Langeweile** kommt durch die lange dauernde Futteraufnahme gar nicht auf. ●

Knackig frisch

Frischfutter und Heu – mehr brauchen Kaninchen für eine gesunde Ernährung nicht.

Serviertipps

Bereiten Sie das Frischfutter küchenfertig zu: Äußere Teile von Salat und Gemüse und der Strunk werden entfernt und je nach Lebensmittel wird geschält oder gut gewaschen. Nehmen Sie das Frischfutter rechtzeitig aus dem Kühlschrank, damit es bei der Fütterung Zimmertemperatur hat. Und am besten: alles bio! Sammeln Sie Gräser und Kräuter nur auf unbelasteten Wiesen, die nicht an viel befahrenen Straßen oder Hundegassistrecken liegen. Zweige müssen ungespritzt sein. Alternativ können Sie geeignete Süßgräser, Getreide und Kräuter aussäen und im Garten, auf dem Balkon oder auf der Fensterbank ziehen. Frischfutter muss den Tieren auch frisch gegeben werden, welk führt es zu Verdauungsbeschwerden.

▸ **Futterumstellung:** Wenn Sie Ihre Kaninchen von Trocken- auf Frischfutter umstellen oder neue Frischfuttersorten geben, müssen sich die Tiere langsam daran gewöhnen. Geben Sie nur wenig des neuen Futters dazu und steigern Sie die Menge langsam.

Grünfutter

Wechseln Sie das Angebot ab, einseitige Fütterung kann zu Mineral- oder Vitaminüberversorgung führen.

▸ **Geeignet sind** Basilikum, Dill, Echinacea, Erdbeerblätter, Gänseblümchen, Gartenmelde, Gartenkerbel, Getreidestängel (z. B. von Dinkel, Gerste, Hafer, Hirse, Roggen, Weizen, ohne Ähren), Kamille, Löwenzahn, Malve, Melisse, Oregano, Petersilie, Pfefferminze, Pimpernelle, Ringelblumenblüten, Schafgarbe, Sonnenblumenblüten-

---

Futter nach Plan
(für 2 Zwerg- oder kleine Kaninchen)*

Morgens: 2 Gemüsesorten (z. B. 1 Möhre und Fenchel)

Mittags: 2 Handvoll Wiesengrün (frisch gepflückt) oder 2 Gemüsesorten (z. B. 1 Möhre und 10 cm Gurke) oder Gemüse und Salat (z. B. 2 Brokkoliröschen, Sellerie oder Gurke plus Grünen Salat, Chicoree oder Eisbergsalat) oder Gemüse und Obst (z. B. 1 Möhre und ½ Apfel) sowie zusätzlich frische Kräuter (z. B. 2 Stängel Dill, Petersilie, Melisse oder Pfefferminze)

Abends: 2 Handvoll Wiesengrün (frisch gepflückt) oder 2 Gemüsesorten (z. B. 1 Möhre und ½ Tomate) oder Gemüse und Salat oder Gemüse und Obst oder Salat und Obst

2-mal in der Woche: Ein Stück Obst und reichlich Zweige

* Für größere Kaninchen muss die Menge entsprechend größer sein. Achten Sie auf das Gewicht der Tiere (Seite 50) und geben Sie nur so viel Frischfutter, wie die Tiere bis zur nächsten Fütterung fressen.

Frische Zweige bieten Beschäftigung und fördern den Zahnabrieb.

blätter und grüne Blätter, Spitzwegerich, Stiefmütterchen, Tagetes, Vogelmiere.

Gemüse

Gemüse kann täglich gegeben werden. An die Kohl- und Salatfütterung müssen Sie Ihre Tiere jedoch erst durch die Gabe kleiner Mengen gewöhnen. Vertragen es die Kaninchen gut, können Sie pro Zwergkaninchen auf täglich ein großes Salatblatt und ca. 40 g Kohl steigern, bei größeren Tieren entsprechend mehr. Verzichten Sie auf Kohl, wenn ein Tier Blähungen hat und auf Salat,

wenn ein Tier unter Verdauungsproblemen oder Durchfall leidet.

▸ **Geeignet sind** Blumenkohl, Brokkoli, Chinakohl, Eisbergsalat, Endiviensalat, Fenchel (Knolle, Blätter), Gurken, Kohlrabi, Kohlrübe, Kopfsalat, Maisblätter, Möhren samt Blättern, Paprika ohne Strunk, Radieschenblätter, Sellerie (Knolle, Blätter), Speisekürbis, Tomaten ohne Blätter, Topinambur.

Obst und Co.

Obst und Beeren enthalten zwar viele Vitamine, aber auch meist reichlich Zucker.

Zweimal in der Woche ein kleines Stück ist aber pro Tier erlaubt.

▸ **Geeignet sind** Ananas, Apfel ohne Kerne, Erdbeeren, Hagebutten, Kiwi, Melone.

Knabbereien

Zweige enthalten viele Mineralien, das Knabbern daran beschäftigt die Kaninchen und die Zähne nutzen sich ab.

▸ **Besonders gut geeignet sind** Zweige samt Blättern und Knospen von Apfelbaum, Birnbaum, Haselnuss, Heidel- und Johannisbeere. In kleinen Mengen dürfen Sie u. a. auch Buche, Erle, Fichte, Linde, Pappel, Edeltanne und Weide anbieten. ●

Sind alle fit?

Optimale Haltungsbedingungen und Ernährung sind die Grundsteine für die Gesundheit Ihrer pelzigen Mitbewohner. Neben einem großzügigen und abwechslungsreichen Gehege ist die Hygiene im Kaninchenheim wichtig (siehe Seite 25). Trotzdem sollten Sie Ihre Langohren regelmäßig untersuchen und prüfen, ob sie rundum fit sind.

Gesundheitscheck

Kaninchen versuchen, eine Krankheit lange zu verbergen. Untersuchen Sie Ihre Tiere regelmäßig. Fallen Ihnen Veränderungen auf, sollten Sie rasch sich mit dem Tierarzt beraten bzw. das Tier untersuchen lassen.

Täglich

▸ **Nehmen** alle Tiere Nahrung in gewohnter Menge und üblicher Geschwindigkeit auf? Alarmzeichen: Futterverweigerung, veränderte Fressgewohnheiten.
▸ **Verhalten** sich alle Tiere normal? Sind sie aufmerksam und neugierig? Alarmzeichen: Schwäche, Apathie, starke Unruhe.
▸ **Bewegen** sich alle Tiere wie gewohnt? Alarmzeichen: hinken, lahmen, Kopfschiefhaltung, krummer Rücken, angespannte, verkrampfte Körperhaltung.
▸ **Setzen** die Tiere wie gewohnt Kot und Urin ab? Alarmzeichen: Kot oder Urin sind in der Farbe verändert oder riechen stark, harte Köttel, Schwierigkeiten beim Absetzen von Kot oder Urin, Durchfall oder ein verschmutzter After.

Wöchentlich

▸ **Wiegen** Sie jedes Tier. Starke Gewichtsschwankungen (über 100 bis 150 g in der Woche) sind ein Anzeichen von Stress oder Erkrankungen. Tipp: Das geht einfach, wenn Sie das Tier samt Transportbox wiegen und dann noch einmal die Box alleine. Die Differenz ist dann das Gewicht des Kaninchens. Zu dünn ist ein Kaninchen, wenn Rippen und Wirbelsäule deutlich zu sehen sind. Zu dick ist es, wenn der Bauch nah am Boden hängt, das Tier ein Doppelkinn hat und sich aufgedunsen anfühlt.
▸ **Prüfen** Sie, ob die Krallen gekürzt werden müssen oder sich Veränderungen an den Ballen zeigen.
▸ **Kontrollieren** Sie Zähne, Maul, Ohren und Augen auf Veränderungen, z. B. Rötungen oder Ausfluss.
▸ **Sind kahle** oder verklebte Stellen, Verkrustungen, Rötungen, Wunden oder

---

Erste Hilfe bei Hitzschlag

Anzeichen sind Apathie und schnelle, flache Atmung.

Dann muss das Tier sofort zum Tierarzt gebracht werden – sonst stirbt es an Kreislaufversagen!

Zur ersten Hilfe können sie ihm Flüssigkeit eingeben und es in ein feuchtes, kühles Tuch einwickeln oder die Pfoten mit einem Bad in kühlem Wasser erfrischen.

andere Veränderungen zu entdecken? Reißt sich das Weibchen Fell am Bauch aus (siehe Seite 13)?

▸ **Ist der Bauch** eines Tieres aufgebläht oder angespannt? Das deutet auf gefährliche Blähungen oder Koliken hin.

▸ **Sind bei einem Tier** Schwellungen, Knoten, Warzen oder andere Umfangsvermehrungen zu ertasten? Die Ursache muss vom Tierarzt abgeklärt werden.

▸ **Langhaarige** Tiere bürsten, damit sie bei der Fellpflege nicht viele Haare schlucken.

Zähne

Immer häufiger gibt es Kaninchen mit Zahnproblemen, besonders oft Zwerge. Durch falsche Fütterung, insbeson-

Langhaarige Kaninchen brauchen Hilfe bei der Fellpflege.

SMART

Wichtige Impfungen

› **Auch Kaninchen,** die nur in der Wohnung leben, müssen gegen häufig tödlich endende Erkrankungen grundimmunisiert und regelmäßig geimpft werden.
› **Myxomatose:** alle 6 Monate.
› **RHD** (Rabbit Haemorrhagic Disease, Chinaseuche): alle 12 Monate.

dere Heumangel (siehe Seite 46) oder Zahnfehlstellungen aufgrund erblicher Veranlagung, werden die Zähne der betroffenen Tiere nicht mehr ausreichend abgenutzt. Sabbern, Zähneknirschen und bei fortgeschrittenen Beschwerden Futterverweigerung sind Anzeichen dafür. Dies wird oft begleitet von Entzündungen der Mundhöhle, und in Folge schlechtem Allgemeinzustand und weitere Infektionen. Zur Korrektur solcher Zahnfehlstellungen muss das Kaninchen vom Tierarzt in Narkose behandelt werden. Danach ist unbedingt auf die kaninchengerechte Fütterung mit Frischfutter und Heu zu achten. Liegt eine erbliche Zahnfehlstellung der Schneidezähne vor, müssen diese regelmäßig wieder vom Tierarzt in die richtige Form gebracht werden. ●

Körpersprache verstehen

Für die in Gruppen lebenden Kaninchen ist die Körpersprache das wichtigste Mittel zur Verständigung. Je besser Sie diese deuten können, desto eher verstehen Sie Ihre Tiere.

Obwohl Kaninchen auch eine Lautsprache haben, z. B. Brummen als Zeichen der Paarungsbereitschaft oder Fauchen und Zischen als Zeichen der Abwehr, funktioniert die Kommunikation doch hauptsächlich über das körpersprachliche Ausdrucksverhalten. Stupst ein Kaninchen einen Artgenossen mit der Nase an, fordert es Zuwendung. Hält es dabei noch seinen Kopf auffordernd hin, möchte es als Körperpflegemaßnahme oder einfach als Zeichen der Verbundenheit geleckt werden. Macht es das bei Ihnen, sollten Sie es zärtlich kraulen, genauso, wenn es Ihre Hand ableckt.

Neugierig Das Aufrichten verschafft dem Kaninchen einen besseren Überblick. Manche Langohren betteln dann auch oder wollen Aufmerksamkeit haben.

1 Ganz relaxed

Ihrem Kaninchen geht es richtig gut. Das entspannte Liegen zeigt, dass es sich rundum wohl und sicher fühlt. Liegt das Kaninchen so relaxed im Gehege – vielleicht sogar auf der Seite – während Sie dabei sitzen, ist das ein großer Beweis des Vertrauens. Weitere Anzeichen des Wohlbefindens: Räkeln, Strecken und Wälzen.

Alles meins

2

Reibt ein Kaninchen sein Kinn an seinem Häuschen, einem Möbelstück oder anderen Dingen, überträgt es seinen Geruch mit der Duftdrüse unter dem Kinn auf diesen Gegenstand. Mit dieser Duftmarkierung kennzeichnen Kaninchen ihr Revier. Auch gezieltes Absetzen von Urin und Kot dient der Reviermarkierung, was sich beim Auslauf in der Wohnung nicht immer vermeiden lässt (siehe Seite 29). Nach der Käfigreinigung oder bei Einzug eines neuen Artgenossen wird in der Regel häufiger markiert. Unkastrierte Rammler setzen wesentlich häufiger Duftmarken als kastrierte.

3 Angst

Macht sich das Kaninchen mit angelegten Ohren ganz klein, ist das ein Zeichen der Unterwerfung, z. B. bei einer Rangauseinandersetzung. Sind die Ohren dabei aufgestellt, verharrt es in Schreckstarre: Es hat Panik und kann nicht flüchten. Verhält sich das Kaninchen in Ihrer Anwesenheit so, hat es Angst. Gehen Sie dann langsam zurück und lassen Sie es zur Ruhe kommen.

Körpersprache

Kaninchen für Kids

Wusstest du, dass es bei Kaninchen viele interessante Dinge zu entdecken gibt, wenn du dich richtig mit ihnen beschäftigst?

Mögen Kaninchen kuscheln?

Viele Kinder wünschen sich Kaninchen, um mit ihnen zu kuscheln. Kein Wunder, denn ihr Fell ist so weich und flauschig. Doch die meisten Langohren kuscheln gar nicht gerne. Und weißt du warum? Die wild lebenden Verwandten deiner Kaninchen haben viele Feinde, die sie fressen wollen, wie Füchse und Greifvögel. Kaninchen sind Fluchttiere. Wenn sie Angst haben, versuchen sie wegzulaufen. Hältst du eines deiner Kaninchen fest oder hebst es hoch, glaubt es vielleicht, von einem Feind gefangen worden zu sein und fühlt sich dann gar nicht wohl. Wenn es große Angst hat, kann es auch heftig kratzen und tut dir dann weh. Deswegen ist es am besten, Kaninchen nur so selten wie möglich festzuhalten oder hochzuheben. Wenn du das respektierst, werden deine Langohren dir aber Sachen zeigen, die viel spannender sind, als miteinander zu kuscheln.

Werde Verhaltensforscher

Wenn Tiere wie Kaninchen in Gruppen leben, müssen sich alle Mitglieder der Gemeinschaft immer wieder zeigen, dass sie sich gern haben. Dazu lecken sich Kaninchen gegenseitig das Fell. Wenn eines deiner Kaninchen dir die Hand leckt, zeigt es dir damit, dass es dich mag.
Glaubt ein Kaninchen, dass Gefahr droht, klopft es mit den Hinterbeinen auf den Boden, um die anderen Kaninchen zu warnen. Dann laufen alle blitzschnell weg und verstecken sich in einem Unterschlupf.

Gegenseitiges Belecken hilft bei der Körperpflege und ist ein wichtiger Bestandteil der sozialen Kontaktpflege in der Gruppe.

Spielideen

Kaninchen sind neugierige und verspielte Tiere. Sie haben z. B. großen Spaß daran, Dinge durch die Gegend zu schubsen.

▸ **Ballspiele** Im Zoofachhandel kannst du Kunststoffbälle kaufen, die deine Langohren dann vielleicht mit der Nase anstupsen und durch die Gegend kullern.

▸ **Weitwurf** Manche Kaninchen sind echte Meister im Weitwurf. Um herauszufinden, ob deine Tiere das auch können, kannst du ihnen Toilettenpapier-Papprollen

Und deine Ninis?

> **Was machen sie** als erstes, wenn sie aufwachen? Fangen sie beim Putzen zuerst mit dem Mäulchen oder den Ohren an? Wo schlafen sie am liebsten? Weißt du, welche Ecke des Geheges sie als Klo benutzen? Haben sie Aussichtsplätze? Auf den Seiten 46 bis 49 steht, was Kaninchen gerne fressen. Weißt du, was die Lieblingsspeisen deiner Tiere sind? Auf den Seiten 56 und 57 findest du mehr zum Forschen.

Futterbälle sind ein unterhaltsamer Zeitvertreib für Kaninchen.

(diese müssen sauber sein und es darf kein Klebstoff daran haften) geben. Vielleicht heben deine Kaninchen diese mit den Zähnen hoch und schleudern sie durch das Zimmer oder den Auslauf im Garten.

▸ **Papierkugeln** Viele Kaninchen lieben es, Kugeln aus zerknülltem weißem Papier ins Mäulchen zu nehmen, hochzuwerfen und weit weg zu schleudern.

▸ **Kegeln** Stelle leere Kunststoffflaschen in einer Reihe auf den Boden. Viele Kaninchen haben großen Spaß dabei, eine Flasche nach der anderen umzuwerfen. ●

Kaninchen können mehr

Als typische Fluchttiere sind Kaninchen eigentlich zurückhaltend und vorsichtig. Fühlen Sie sich in ihrem Umfeld sicher, siegt jedoch meist ihre Neugier, wenn es darum geht, spannende Dinge zu entdecken. Unter dem hübschen Pelz stecken clevere Kerlchen voller lustiger Ideen, die Ihnen gerne zeigen, zu welchen Leistungen sie fähig sind.

Futter ergattern ist eine knifflige Aufgabe für kleine Langohren.

Denkaufgaben für Langohren

Mit einem großzügigen Gehege voller Beschäftigungsmöglichkeiten bieten Sie Ihren quirligen Untermietern viel Abwechslung. Um ihre kleinen grauen Zellen gerade bei Wohnungshaltung noch mehr zu fordern, können Sie Ihren Langohren knifflige Aufgaben stellen. Dabei ist es besonders interessant zu beobachten, wie unterschiedlich die einzelnen Kaninchen an die Herausforderungen herangehen und diese meistern.

Labyrinth mit Überraschungen

Bei diesem Spiel können Sie testen, wie schnell Ihre Kaninchen im Labyrinth versteckte Frischfutter-Leckerbissen finden. Dazu können Sie in der Wohnung ein Labyrinth aus Kartons oder im Gartenauslauf eines aus Kartons bzw. Ziegelsteinen bauen. Platzieren Sie nun Leckerbissen darin und beobachten Sie, wie Ihre Tiere diese suchen und finden.

Wenn es Ihnen Spaß macht, können Sie auch die Zeit dabei stoppen. Bei den nächsten Durchläufen sollten Sie die Leckerchen an die gewohnten Plätze legen. Sind die Kaninchen nun zielstrebiger, weil sie die Strecke schon kennen? Werden Sie mit jedem Durchlauf schneller? Suchen die Tiere bestimmte Leckerchen zuerst auf, weil sie diese am liebsten mögen? Wie reagieren die Tiere, wenn Sie die leckeren Happen anders platzieren oder das Labyrinth verändern?

Gedächtnistest

Können Ihre Kaninchen Symbole oder Farben unterscheiden? Das finden Sie heraus, indem Sie drei gleiche Näpfe mit unterschiedlichen Symbolen und in unterschiedlichen Farben markieren, z. B. auf einen Napf einen schwarzen Kreis malen, auf den zweiten ein rotes Kreuz und auf den dritten ein grünes Dreieck. Legen Sie nun nur in einen Napf einen besonders beliebten Leckerbissen. Wenn das Kaninchen diesen gefunden

Tücherkiste mit doppeltem Spaß: Buddeln und Leckerbissen finden.

hat, wiederholen Sie den Test, der Leckerbissen liegt dabei im selben Napf. Geht das Kaninchen zielstrebig auf diesen Napf zu? Wie reagiert das Kaninchen, wenn Sie den Leckerbissen in einem anderen Napf platzieren oder die Näpfe vertauschen? Als nächsten Schritt können Sie testen, ob Ihre Kaninchen eher auf Farben oder Symbole reagieren, z.B. indem Sie die Symbole nur mit der Farbe Schwarz aufmalen oder nur große farbige Punkte. Für fortgeschrittene Kaninchen können Sie über einen auf dem Boden liegenden Leckerbissen eine markierte Toilettenpapier-Papprolle stellen und zwei Rollen ohne Leckerchen darunter daneben aufstellen. Lösen Ihre Langohren auch diese schwierige Aufgabe und schaffen es, an die Belohnung zu gelangen? ●

SMART

Geschicklichkeitstests

› **Flechten Sie** einen Würfel oder eine Kugel aus Haselnussstrauchzweigen und stecken Sie Frischfutter hinein. Kullern Ihre Tiere das Geflecht herum, fällt das Futter heraus oder sie kommen an die Leckerbissen, wenn sie die Zweige anknabbern.

› **Legen Sie** Baumwolltücher in eine flache Kiste und verstecken Futter darin.

› **Füllen Sie** Leinenbeutel mit Heu und Leckerbissen und hängen Sie diese für die Kaninchen gerade noch erreichbar auf. Ihre Langohren toben sich beim Suchen richtig aus.

Sportlich, sportlich

Kaninchen sind bewegungsfreudige Tiere. Es ist wichtig für ihr Wohlbefinden, dass sie nach Herzenslust hüpfen und rennen können, wenn ihnen danach ist. Wenn Sie sich viel mit Ihren Langohren beschäftigen, können Sie sie sogar zu sportlichen Höchstleistungen motivieren.

Hindernislauf

1 Bauen Sie aus Büchern, Kissen oder schmalen Kartons einen Hindernisparcours im Zimmer oder im eingezäunten Gartenauslauf auf. Achten Sie dabei darauf, dass die Hindernisse leicht umfallen können, wenn ein Tier nicht hoch genug springt und dagegen stößt, sonst kann es sich verletzen. Wichtig ist auch ausreichend Abstand zwischen den Hindernissen, damit die Tiere genügend Anlauf nehmen können.

2 Führen Sie Ihre Kaninchen einzeln durch den Parcours, indem Sie sie mit Stücken ihres Lieblingsfrischfutters (siehe Seite 48) locken. Halten Sie dabei die Leckerei immer dicht vor die Nase des Kaninchens. Vor einem Hindernis angekommen, halten Sie das Frischfutter von der anderen Seite des Hindernisses möglichst dicht vor das Tier. Auch wenn es etwas dauert, bald werden die meisten Kaninchen begreifen, dass sie über das Hindernis springen müssen, um das Frischfutter zu bekommen. Dann gibt es natürlich die Belohnung.

3 Üben Sie anfangs in kleinen Schritten und sparen Sie nicht mit Leckerbissen. Wenn das Kaninchen schon öfter den Parcours durchlaufen hat, können Sie die Zeit verbessern, indem Sie zuerst nur auf halber Strecke und später erst am Ende der Strecke die Belohnung geben.

Der Bücherparcours bringt Abwechslung und macht Spaß.

Kaninhop

Bei dieser Sportart wurde der Hindernislauf zur Turnierreife gebracht. Die Tiere müssen dabei an der Leine die Hindernisse bewältigen. Unsachgemäß durchgeführt, birgt dies aber die Gefahr schwerer Verletzungen für die angeleinten Kaninchen. Für Sie als engagierten Tierhalter steht sicher der Spaß an der Sache im Vordergrund – und zwar für alle Beteiligten. Und Sie können sich sicher vorstellen, dass Ihre Langohren mehr Freude daran haben, wenn sie frei entscheiden dürfen, ob sie über ein Hindernis springen oder nicht. Für ein Fluchttier wie ein Kaninchen bedeutet die Anbindung an eine Leine trotz Gewöhnung Stress.

Ohne Leine macht Kaninhop dem kleinen Langohr viel mehr Spaß.

SMART

Zeit für Fitness

› **Beschäftigen Sie** Ihre Kaninchen am besten dann mit sportlichen Aktivitäten, wenn die Tiere sowieso munter und unternehmungslustig sind. Viele Langohren sind abends besonders aktiv, das wäre dann eine gute Zeit dafür.

Hochsprung

Das ist Hindernislauf für Fortgeschrittene.

1 Stellen Sie je nach Größe der Kaninchen 20 bis 30 cm hohe Kisten oder stabile Kartons mit einer Grundfläche von mindestens ca. 30 mal 30 cm auf den Boden. Der Deckel zeigt nach oben. Wichtig: Diese Fläche darf nicht rutschig sein und der Karton muss sicher stehen.

2 Animieren Sie Ihre Kaninchen nun wie oben beschrieben mit frischen Leckerbissen dazu, auf die Kisten zu springen. Sitzt das Kaninchen oben, gibt es die begehrte Belohnung.

3 Macht das Kaninchen mit Freude mit, können Sie Hochsprung und Hindernislauf kombinieren, indem Sie zwei oder drei Kisten zwischen den anderen Hindernissen aufstellen. ●

SMART

Infoecke

Adressen

▶ **Deutschland**
Zentralverband Deutscher
Rasse-Kaninchenzüchter
e.V. (ZDRK), Peter Mick-
mann, Mittelfeldweg 19b,
27607 Langen
www.deutsche-rassekanin-
chenzuechter.de

▶ **Österreich**
Rassezuchtverband Öster-
reichischer Kleintierzüchter
(RÖK), Mollgasse 11 - 13,
1180 Wien
www.kleintierzucht-roek.at

▶ **Schweiz**
Schweizerische Rassekanin-
chen-Zuchtverband (SRKV)
Kleintiere Schweiz, Armin
Wyss, Sonnenau 125 a,
9108 Gonten
www.kleintiere-schweiz.ch

Zur Autorin

▶ **Heike Schmidt-Röger** ist
freie Journalistin, Lektorin
und Fotografin mit dem Spe-
zialgebiet Heimtiere. Sie ist
Verfasserin mehrerer Bü-
cher und zahlreicher Artikel
für Tageszeitungen, Zeit-
schriften und Magazine.

www.schmidt-roeger-foto.com

Internetadressen

Haltung
▶ www.nager-info.de

Gehege
▶ www.kaninchengehege.de
▶ www.kaninchen-at-home.com

Gesundheit
▶ www.tierschutz-tvt.de
▶ www.giftpflanzen.ch

Tierschutz/Vermittlung:
▶ www.diebrain.de/k-vermittlung.html
▶ www.tierschutzbund.de
▶ www.tierschutzverein.at
▶ www.tierschutz.com
▶ www.kaninchenhilfe.com

(Hinweis: Der Eugen Ulmer
Verlag ist nicht für den Inhalt
von Links verantwortlich)

Bildquellen

Umschlagfoto: Regina Kuhn
Die Fotos auf den Seiten 19, 31, 33, 42 und 43 stammen von Heike Schmidt-Röger, alle anderen Fotos im Innenteil stammen von Regina Kuhn.

Dank

Fotografin, Autorin und Verlag danken:
Trixie-Heimtierbedarf, Tarp
Esther, Mario, Christian und Martin Schmidt, Nesselröden
Nathalie Nölker, Wommen
Jasmin Berg, Herleshausen
Florina Strobel, Wutha-Farnroda

Die Autorin dankt PD Dr. Dr. habil. Udo Gansloßer, Zoologisches Institut, Universität Greifswald, für das Gegenlesen des Buches.
Gärtnerei Friedrich Haag, Stuttgart
Christine Wilde, Osnabrück
Tierschutzverein Dillenburg und Umgebung e.V.

Impressum

Bibliografische Information der Deutschen Bibliothek
Die Deutsche Nationalbibliothek verzeichnet diese Publikation in der Deutschen Nationalbibliografie; detaillierte bibliografische Daten sind im Internet über http://dnb.d-nb.de abrufbar.

© 2009 Eugen Ulmer KG
Wollgrasweg 41,
70599 Stuttgart
Internet: www.ulmer.de
Lektorat: Gabi Franz, Antje Springorum
Covergestaltung und Layout: X-Design, München
DTP: juhu media, Susanne Dölz, Bad Vilbel
Druck und Bindung: Litotipografia-editrice Alcione, Trento
Printed in Italy

ISBN 978-3-8001-5665-8

Infoecke

Literatur

- **Altmann, F.:** Zwergkaninchen, Ulmer 2007
- **Frey, C. M.:** Ein Spielplatz für Kaninchen, Ulmer 2008
- **Winkelmann, J.:** Kaninchenkrankheiten, Ulmer 2006
- **Renner, S.:** Homöopathie bei Tieren, Ulmer 2008
- **Ahrens, P. und Wolters, J.:** Taschenatlas Kaninchen, Ulmer 2006
- **Rodentia,** Natur- und Tier-Verlag
- **Ein Herz für Tiere,** Gong Verlag

Haftung

Register

Aktionsradius 6
Allergie 9
Alter 8, 10, 24
Angorakaninchen 17
Angst 53
Artgenossen 10
Aufzuchterfolg 6
Außenhaltung 24, 38-43

Bau 6, 7
Beißen 8
Betteln 52
Bewegungsdrang 6
Blähungen 51
Blinddarmkot 65
Brot 47
Buddelkiste 36, 57
Buddeln 7, 40, 57
Bürsten 15, 17

Darm 47
Deutsche Riesen 16
Deutsche Riesenschecken 16
Deutscher Kleinwidder 16

Echten Hasen 7
Eingewöhnung 18
Einstreu 24, 34
Einzelhaltung 6
Empfängnisbereit 13
Englische Schecken 16
Ernährung 46-49
Ernährung bei Außen-
  haltung 39
Etagen 35

Familie, biologische 7
Farben sehen 65
Farbenzwerge 16
Feldhasen 7
Fell 15-17, 24, 38
Fluchttiere 18
Freigehege 40
Freilauf 26, 28, 29
Futterplan 48
Futtersuche 24

Garten 24
Gehegegröße 24, 25
Gemeinschaft, passende
  10, 11
Gemüse 49
Gesundheit 15, 50, 51
Gesundheitliche Probleme
16
Gesundheitscheck 50, 51
Gewicht 16, 17
Gitterelemente 40
Grünfutter 48

Handfütterung 19
Hängeohren 17
Hasenartige 7
Hasenkaninchen 17
Hasentiere 7
Häuser 35
Hermelinkaninchen 16
Heu 46, 47, 51
Heuraufe 34, 46
Hindernislauf 58
Hitze 30
Hochheben 19
Holländer 16

Impfungen 51
Inneneinrichtung 34

Käfig 24
Kampf 20
Kaninhop 59
Kastrieren 10, 12, 13
Kauf 14
Kinder 8, 54, 55
Knabbereien 49
Koliken 51
Kolonie 6
Kontaktaufnahme 18
Kontaktpflege, soziale 6
Körperliche Merkmale,
  übertriebene 15
Körperpflege 6, 51
Körpersprache 52, 53
Kosten 8

Kraftfutter 47
Krankheit 24
Kratzen 8
Kuscheln 54

Lagomorpha 7
Lecken 54
Leporidae 7
Lepus 7
Lohkaninchen 16
Löwenköpfchen 15

Männchen 10, 12, 13
Markieren 29, 53
Meerschweinchen 11
Mischlinge 14, 152

Nachwuchs 10, 12, 13
Nagetiere 7
Näpfe 34
Nest 13
Nutztiere 14

Obst 49
Ohren, lange 16, 17, 38
Ordnung, biologische 7
Oryctolagus cuniculus 7

Pflanzen, giftige 41

Quarantäne 20

Rangordnung 6, 20
Rassekaninchen 14-17
Reinigung 26
Revier 6
Rexkaninchen 17
Rote Neuseeländer 16

Scheinträchtigkeit 12, 13
Schreckstarre 18
Schutzhütte 42
Selbstbau-Gehege 32
Setzröhren 6
Sicherheitscheck Freilauf 28
Snacks 47

Sommer 17, 38
Sonne, direkte 27
Sonnenschutz 41
Spielideen 55, 65
Standort des Käfigs 27
Stubenrein 24, 29

Temperatur 27
Tierarzt 50, 51
Tiere, andere 9, 28, 40
Tiere, domestizierte 6
Tierheim 15
Toilette 35
Tragen 19
Transportieren 19
Tunnel 37

Unterschlupf 352

Verdauung 47
Vergesellschaftung 20, 21
Verhalten, arttypisches 6

Wasser 47
Weibchen 10, 12, 13
Widderkaninchen 17
Wiegen 50
Wildkaninchen 6, 7
Winter 17, 38, 39
Wohnungshaltung 24,
  26-29

Zähne 47, 50, 51
Zahnfehlstellungen 15, 51
Zahnprobleme 51
Zimmerpflanzen 28, 41
Zubehör 34
Zucht 12

So haben Kaninchen Spaß!

Kluge Tipps für SMART-KIDS
Schlaue Extras

Deine frechen Langohren finden es toll, wenn du ihnen spannende Sachen für ihr Gehege und den Auslauf baust.

Spaß haben deine Kaninchen bestimmt mit einem Karton-Spielplatz. Dazu schneidest du in einige mittelgroße Kartons (ohne Klebestreifen) jeweils mindestens zwei Löcher als Ein- und Ausgang. Du kannst die Kartons auch mit den Öffnungen aneinan-

derstellen, dass gibt einen Tunnel zum Verstecken spielen. Damit die Fütterung interessanter wird, kannst du Frischfutter auf Zweige aufspießen und die Zweige in die Löcher eines Ziegelsteins stecken oder an das Gitter hängen.

1

▲ **Geschenke auspacken**
Sammle saubere Toiletten-
oder Küchenpapier-Papprol-
len (unbedruckt und ohne
Klebstoff daran). Lege Stücke
des Lieblingsgemüses dei-
ner Kaninchen hinein und
verstopfe die Öffnungen
mit Heu. Deine Kaninchen
werden viel Spaß an der
kniffligen Aufgabe haben, das
Heu herauszuziehen und die
Leckerbissen auszupacken.

2

▲ **Fitnessbaum** Befestige mit
einer Schraube einen dicken,
50 cm langen Ast (siehe Seite 49)
mit vielen Zweigen auf einem
dicken Brett (Seitenlänge jeweils
50 cm). Lass dir von deinen
Eltern helfen. Nun kannst du das
Bäumchen mit vielen gesunden
Leckereien, wie Stücken von
Möhren, Äpfeln, Gurke, Fenchel,
Brokkoli, Paprika, Salat, Kräutern
oder Löwenzahnblüten schmü-
cken. Deine Kaninchen müssen
sich ganz schön strecken, um die
begehrten Happen zu bekommen. Kannst du so einen Baum
nicht selbst basteln, kannst du
auch einen kaufen.

3

▲ **Reck dich!** Wenn du ein
Kräutersträußchen (siehe Seite
48) über ihre Köpfe hältst, machen deine Kaninchen Männchen.
Dabei kannst du auch ihre Zähne
kontrollieren (siehe Seite 51).

4

▲ **Stimmts?** Kaninchen fressen
ihre Häufchen? Das stimmt! Sie
fressen „Blinddarmkot". Bakterien
aus dem Blinddarm helfen, Vitamine aufzuspalten und zu bilden.
Kaninchen müssen das fressen,
um wichtige Vitamine zu bekommen. Die festen, runden Knittel
fressen die Langohren aber nicht.

Höhlisch gut!

Erfahren Sie,

- wie Kaninchen in der Natur leben und was sie wirklich brauchen
- wie Sie Ihren Langohren mit einfachen Mitteln in Haus und Garten einen tiergerechten und abwechslungsreichen Lebensraum gestalten
- wie Sie Ihre Kaninchen mit sportlichen Einlagen und Denkaufgaben fordern und beschäftigen

Für jeden, der seinen Kaninchen mehr bieten möchte.

- aktuell, praxisnah und einfach
- Extrainfos, Tipps und Anleitungen
- mit vielen Farbfotos

www.ulmer.de
www.smart.ulmer.de

ISBN 978-3-8001-5665-8